小松 建三
KOMATSU Kenzo

群論なんか
こわくない

数学書房

この本をお読みになる方へ

　この本はごく普通の読者を対象として書かれた群論の入門書です．「普通の読者」の中には，数学が大の苦手で見るのもイヤだという方も含まれます．

　予備知識ゼロの状態から出発し，超スローペースで群の準同形定理まで到達します．最初は簡単でも少しずつ難しくなっていきますから油断しないでください．全体を 10 日間で読み終える構成になっていますが，もちろんこれはひとつの目安．ご自分のペースに合わせて自由にお読みください．

　抽象的な現代数学はなかなか手ごわい相手です．難攻不落の城のようにも見えますがどうでしょうか．群論は抽象的な数学の入り口でもあります．難敵攻略の第一歩として，この本を大いに活用してください．ご健闘を祈ります．

小松建三

プロローグ

　こんにちは．神田もえです．
　文系で数学が大の苦手なのに，何を血迷ったのか群論を勉強することになりました．
　先生は微積寺住職の宇散草居和尚．去年の夏休み，親友の夏川夏子と一緒にお寺に通い，和尚さまに微積分を教えていただきました．その時のことは，小松建三著『微かに分かる微分積分』（数学書房）という本の中でくわしく紹介されています．
　和尚さまは年齢不詳ですが，とっても親切でお茶目でステキな方です．ただ油断していると「さむーいギャグ」が飛んでくるので気が抜けません．正直ちょっと疲れます．
　8月のある日曜日．京都郊外微積寺の本堂から，この物語ははじまります…

　（微積寺の本堂．神田もえと田中沙織の2人が，テーブルをはさんで和尚と向かい合ってすわっている．神田もえと田中沙織はともに東京の恵理偉都大学2年生．）

もえ　おひさしぶりです和尚さま．去年の夏休み，夏川夏子と一緒に微積分を教えていただいた神田もえです．
和尚　もえ？　もえは，もうええ．
もえ　そんなー！　かわいそうなこと言わないでください！
和尚　夏子は元気か？

もえ	はい．和尚さまにくれぐれもよろしくと申しておりました．おかげさまでテストはバッチリ！ 2人とも無事に進級することができました．和尚さまには感謝感激雨アラレです！
和尚	進級できて「シンキューベリーマッチ」ってとこかな．
沙織	はじめまして和尚さま．田中沙織です．恵理偉都大学理工学部2年生で管理工学科に所属しています．もえとは同じテニスサークルで大親友です．
和尚	群論を勉強したいそうだが．
沙織	そうなんです．2人とも「代数学基礎」という科目（内容は「群論入門」です）をとってるんですけど，宇宙人のコトバを聞いてるみたいでまったく理解できません．夏休み明けにテストがあるのにどーしましょって感じなんです．
もえ	そこで和尚さまにお願いして助けていただこうと参上しました．沙織の叔母さんがここから1時間くらいのところに住んでいるので，そこに泊めてもらってお寺に通うことにしました．ハイ．
和尚	人を助けるのは僧侶のつとめではあるが，それにしてもいささかずうずうしいとは思わないか？
もえ	思います．そりゃもう，しっかり自覚してます．でもステキな和尚さまはきっと助けてくださるにちがいない！ そう確信しています．
和尚	まあ断るわけにもいくまい．わかった．明日から毎日午後1時にこの本堂に来なさい．1日2時間として10回もやれば何とかなるだろう．土日は休みだぞ．
もえ	やったー！ ありがとうございます．
沙織	うれしいなー．ステキな和尚さまに群論を教えていただけるなんてとっても楽しみ！ でもちょっと心配だな．
和尚	心配？
沙織	あたしすんごい笑い上戸なんです．和尚さまのギャグにギャハハハと大笑いして勉強に身が入らないんじゃないかって，それが心配です．

和尚　なに笑い上戸？　そうか．1年中でいちばん不愉快な季節って，冬かい？

沙織　ギャハハハ！

もえ　どっかで聞いたことあるギャグだなあ…

和尚　いやあ怒るより泣くより，笑う方がいい．ただあんまり笑いすぎると「笑いじわ」ができるぞ．

沙織　笑いじわですか？

和尚　笑いじわが何本できるか数えた人がいる．全部で 32 本あったそうだ．

沙織　32 本も？

和尚　そう．しわ 32 ($4 \times 8 = 32$) と言ってな．

沙織　ギャハハハ！　おんもしろーい！

和尚　去年とくらべると反応が早い．結構なことだ．

もえ　先が思いやられるなあ…

和尚　なに？

もえ　いえ，ひとりごとです．

和尚　毎日，授業のノートと新しいノート，それに計算用紙を持ってきなさい．

もえ　計算用紙ですか？

和尚　実際に手を動かしていろいろ計算してみる．抽象的な数学でも，これが意外に大切なのだ．

もえ　群論は何に使うんですか？

和尚　数学のいろいろな分野で群論は必要となる．ひとつ例をあげよう．中学で「2 次方程式の解の公式」を習っただろう？

もえ　公式を丸暗記するのに苦労しました．

和尚　じつは 3 次方程式
$$ax^3 + bx^2 + cx + d = 0 \qquad (a \neq 0)$$
と，4 次方程式

$$ax^4 + bx^3 + cx^2 + dx + e = 0 \qquad (a \neq 0)$$

にも，それぞれ解の公式があって古くから知られていた．

ところが5次方程式には，2，3，4次方程式のような解の公式は存在しないことが，19世紀になって証明されてしまったのだ．

沙織　5次方程式の解の公式は存在しないんですか？

和尚　そのことをきちんと理解するには群論の知識が不可欠で，正直言ってかなり難しい．機会があったら**ガロア理論**に関する本をのぞいてみるといい．

もえ　群論は実際に役に立つ数学なんですか？

和尚　現在のところ「実用的数学」のイメージからはほど遠い．しかし将来はわからんぞ．数学以外の思わぬ分野で群論が活用される可能性は十分ある．

沙織　あたしは理工学部の管理工学科でコンピュータ・サイエンスをやりたいんですけど，先輩から「ゼミで使うから群論は勉強しといた方がいい」って言われました．

和尚　もえは商学部の学生なのに，群論を勉強したいと思ったのか？

もえ　もともと「代数学基礎」は理工学部の科目なんですけど，他の学部の学生も「一般教育科目」として履修できるんです．楽勝科目だというウワサを信じて気楽に取ったら，楽勝だなんてトンデモナイ！あたしは一般教育科目をギリギリに取ってるので，もし「代数学基礎」を落としたら落第するかもしれません．

和尚　落第？　ふーん．落第する方が，楽だい．

沙織　おっとお！

もえ　そのギャグは去年もうかがいました．

和尚　そうだったかな．授業のノートは？

沙織　これです．1回も休んでません．

和尚　どれどれ．なるほど．内容は群論の初歩で，あまり難しいことはやってないな．準同形定理ぐらいまでやっておけば，とりあえずテストはOKだろう．

もえ　やったー！　これで単位はもらったも同然だ．
和尚　こらこら，そんなに先走っちゃダメだ．今日はこれから法事がある．
　　　明日の1時にまたここで会おう．
もえ　よろしくお願いします．失礼します．
沙織　明日からよろしくお願いします．失礼しまーす．
和尚　気をつけてお帰り．

●目次

この本をお読みになる方へ…i

プロローグ…ii

初　日　置換の計算 (1)…1

2 日目　置換の計算 (2)…19

3 日目　群とは何か (1)…45

4 日目　群とは何か (2)…60

5 日目　群とは何か (3)…73

6 日目　部分群…90

7 日目　巡回群…104

8 日目　正規部分群…116

9 日目　準同形写像…138

10 日目　同形写像…154

おまけ…172

付　録…174

あとがき…178

索引…179

● 初日

置換の計算(1)

和尚　さあて．今日から群論を勉強するわけだが，心がまえはできているかな？
もえ　もうバッチリ．気合いが入っています．
沙織　右に同じです．
和尚　そうか．群論というとどうしても抽象的な話になるが，最初からあまりにも抽象的だとアタマが「ちゅうしょうろうばい（周章狼狽）」してパニックになるおそれがある．
沙織　ギャハハハ！　なんですかそれ？
和尚　そこでまず，アタマをやわらかくするための準備体操から始めよう．クイズを出すから考えてごらん．
もえ　そーら来たな．
和尚　なんだ？
もえ　いえ，ひとりごとです．
和尚　ではクイズだ．「ホーレンソウの歌」というのは何だ？
沙織　なにそれ？

もえ　ホーレンソウというと，ポパイの歌ですか？
和尚　ちがうなあ．ヒントは，有名な民謡だ．
もえ　わかりません．
沙織　右に同じです．
和尚　そうか．では一節歌ってみるかな．せーの，

　　　　♪ホーレンソーランソーラン
　　　　　ソーランソーランソーラン，
　　　　　ハイハイ♪

　　　これが「ホーレンソウの歌」だ．
沙織　ギャハハハ！　おもしろーい！
もえ　しょーもなー！
和尚　アタマをやわらかくする準備体操はこれで終わり．

● 置換

和尚　「群とは何か」という話はもう少しあとでやる．まず置換の計算から始めよう．
もえ　あたしこれキライです！　電車の中に出てくるチカンを連想しちゃうから．
和尚　去年も「置換積分はチカンを思い出すからイヤだ」とか言ってたな．
もえ　そうなんです．でもわがまま言ってられないのでがまんします．余計なこと言ってスイマセン．
沙織　置換は「代数学基礎」の講義でも出てきましたけど，写像がどーのこーの，ゼンタンシャがどーたらこーたらでサッパリわかりませんでした．
和尚　学部の2年生でいきなり全単射はムリだよ．人間の脳はコンピュータとはちがう．ごく一部の特別な資質を持った学生は別だが，最初から全単射を無理に理解させようとするとフツーの学生は「数学アレルギー」を起こしてしまう．厳密な論理を使いこなせるようにな

るにはどうしてもある程度の時間と経験が必要だ．これはワシが大学の教官をしていた時の実体験から自信をもって言える．

論理を教えるのにあせっちゃいかん．「こんなに論理がメチャクチャでは数学をマスターできるはずがない」と思っていた学生が，数学にどっぷりつかって数年たつと見ちがえるように進歩するものだ．どうやら人間の脳というのはそういうふうにできているらしい．最初はいい加減でもメチャクチャでもいい．直観を利用して慣れることが重要だ．

沙織　なーるほど．

和尚　さっそく「置換とは何か」を直観的に説明しよう．置換とは，たとえば

$$\begin{pmatrix} 1 & 2 & 3 \\ 2 & 3 & 1 \end{pmatrix}, \quad \begin{pmatrix} 1 & 2 & 3 & 4 \\ 2 & 1 & 4 & 3 \end{pmatrix}, \quad \begin{pmatrix} 1 & 2 & 3 & 4 & 5 \\ 5 & 3 & 4 & 1 & 2 \end{pmatrix}$$

といった記号で表されるものだ．

もえ　大ざっぱですねえ！　感動しました．

和尚　もちろんこれじゃいい加減すぎる．ただ「数学アレルギー」は出てこないだろう？

沙織　確かに，おっしゃる通りです．

和尚　まず記号の意味を説明しよう．たとえば

$$\begin{pmatrix} 1 & 2 & 3 & 4 & 5 \\ 5 & 3 & 4 & 1 & 2 \end{pmatrix}$$

というのは，上の段に並んでいる

$$1, \quad 2, \quad 3, \quad 4, \quad 5$$

のそれぞれを，そのすぐ下にあるものに置き換える（移す）という「規則」を表している．

沙織　規則ですか？

和尚　そう．矢印を上下の間に入れると

$$\begin{array}{ccccc} 1 & 2 & 3 & 4 & 5 \\ \downarrow & \downarrow & \downarrow & \downarrow & \downarrow \\ 5 & 3 & 4 & 1 & 2 \end{array}$$

となるだろ．すなわち
$$\begin{pmatrix} 1 & 2 & 3 & 4 & 5 \\ 5 & 3 & 4 & 1 & 2 \end{pmatrix}$$

という記号は，1を5に，2を3に，3を4に，4を1に，5を2に置き換えよ（移せ），という規則を表しているのだ．

もえ なるほど．なんとなくわかりました．

和尚 置換というのは「置き換え」だから，下の段に同じものがダブって出てきてはいけない．たとえば
$$\begin{pmatrix} 1 & 2 & 3 & 4 & 5 \\ 4 & 3 & 2 & 1 & 2 \end{pmatrix}$$

は置換ではない．

もえ $3 \to 2$, $5 \to 2$ でダブっちゃいますね．

沙織 置換というときは，上の段を並べかえたものが下の段に出てくるわけですね．

和尚 その通り．ただし「並べかえる」というときに「動かさない」場合もふくんでいる．たとえば
$$\begin{pmatrix} 1 & 2 & 3 & 4 & 5 \\ 5 & 1 & 3 & 4 & 2 \end{pmatrix}$$

は置換だが，
$$1 \to 5,\quad 2 \to 1,\quad 3 \to 3,\quad 4 \to 4,\quad 5 \to 2$$

だから3と4は動いていない．

もえ じゃあ
$$\begin{pmatrix} 1 & 2 & 3 & 4 & 5 \\ 1 & 2 & 3 & 4 & 5 \end{pmatrix}$$

も置換なんですか？

和尚 その通りだ．

沙織　なるほど．置換とは何なのか，なんとなくわかったような気がしてきました．錯覚でしょうけど．
和尚　そうか．ではさっそく例題をやってみよう．
沙織　えーっ，そんなー！
もえ　例題なんて，きれーだい！
和尚　まあそう言わずに考えてごらん．

●例題1　置換であるか置換でないかを判定せよ．

(1) $\begin{pmatrix} 1 & 2 & 3 \\ 3 & 1 & 2 \end{pmatrix}$　　(2) $\begin{pmatrix} 1 & 2 & 3 \\ 3 & 2 & 1 \end{pmatrix}$

(3) $\begin{pmatrix} 1 & 2 & 3 & 4 \\ 2 & 5 & 4 & 1 \end{pmatrix}$　　(4) $\begin{pmatrix} 1 & 2 & 3 & 4 & 5 & 6 \\ 2 & 3 & 1 & 3 & 4 & 5 \end{pmatrix}$

和尚　どうだ，簡単だろ？
もえ　(1)は置換でしょ．(2)は2が動いてないなあ．
沙織　動かないのはかまわないのよ．
もえ　そっか．じゃあ(2)も置換だ．(3)も置換に見えるな．
沙織　でも下の段に5があるよ．
もえ　あ，そうだね．1，2，3，4を並べかえても，もともと5が入ってないから2，5，4，1にはならないね．(3)は置換じゃないんだ．
沙織　(4)は下の段に3が2回出てくるから置換じゃない．できました．
和尚　正解だ．

●例題1の答　(1) 置換である．　(2) 置換である．　(3) 置換ではない．　(4) 置換ではない．

和尚　サービス問題ではあるが，いきなり正解スタートは気分がいい．数学アレルギーは出てこないだろう？
もえ　今のところだいじょぶです．これからどうなるかはわかりません．
沙織　右に同じです．

● $\{1, 2, \cdots, n\}$ 上の置換

和尚　置換というのは，たとえば

$$\begin{pmatrix} 1 & 2 & 3 \\ 2 & 3 & 1 \end{pmatrix}$$

であれば「1を2に，2を3に，3を1に移せ」という規則を表しているから，上の段は1, 2, 3の順にならんでいなくてもかまわない．

$$\begin{pmatrix} 1 & 2 & 3 \\ 2 & 3 & 1 \end{pmatrix} = \begin{pmatrix} 2 & 1 & 3 \\ 3 & 2 & 1 \end{pmatrix} = \begin{pmatrix} 3 & 2 & 1 \\ 1 & 3 & 2 \end{pmatrix}$$

などと書いてもよいのだ．

もえ　ちょっとややこしくなってきましたね．

● 例題2　それぞれの置換を $\begin{pmatrix} 1 & 2 & 3 & 4 \end{pmatrix}$ の形に書き直せ．

（1） $\begin{pmatrix} 4 & 3 & 1 & 2 \\ 3 & 4 & 2 & 1 \end{pmatrix}$　　（2） $\begin{pmatrix} 2 & 3 & 4 & 1 \\ 1 & 2 & 3 & 4 \end{pmatrix}$

和尚　超サービス問題だぞ．
もえ　これは一発でわかります．1, 2, 3, 4のすぐ下にあるものを並べればいいので，

$$\begin{pmatrix} 4 & 3 & 1 & 2 \\ 3 & 4 & 2 & 1 \end{pmatrix} = \begin{pmatrix} 1 & 2 & 3 & 4 \\ 2 & 1 & 4 & 3 \end{pmatrix},$$

$$\begin{pmatrix} 2 & 3 & 4 & 1 \\ 1 & 2 & 3 & 4 \end{pmatrix} = \begin{pmatrix} 1 & 2 & 3 & 4 \\ 4 & 1 & 2 & 3 \end{pmatrix}$$

となります．

和尚　正解だ．

●例題2の答　（1）$\begin{pmatrix} 1 & 2 & 3 & 4 \\ 2 & 1 & 4 & 3 \end{pmatrix}$　　（2）$\begin{pmatrix} 1 & 2 & 3 & 4 \\ 4 & 1 & 2 & 3 \end{pmatrix}$

和尚　置換の書き方をもう少し続けよう．たとえば

$$\begin{pmatrix} 1 & 2 & 3 & 4 & 5 \\ 1 & 5 & 2 & 4 & 3 \end{pmatrix}$$

という置換では，

$$1 \to 1, \quad 2 \to 5, \quad 3 \to 2, \quad 4 \to 4, \quad 5 \to 3$$

だから，1と4は動いていない．そういうときは

$$\begin{pmatrix} 1 & 2 & 3 & 4 & 5 \\ 1 & 5 & 2 & 4 & 3 \end{pmatrix} = \begin{pmatrix} 2 & 3 & 5 \\ 5 & 2 & 3 \end{pmatrix}$$

というふうに，動かないところを省略して書いてもよいのだ．

沙織　ちょっと待ってください．そうすると

$$\begin{pmatrix} 1 & 2 & 3 \\ 2 & 3 & 1 \end{pmatrix}$$

という記号を見たとき，これがもともと

$$\begin{pmatrix} 1 & 2 & 3 \\ 2 & 3 & 1 \end{pmatrix}$$

だったのか，それとも

$$\begin{pmatrix} 1 & 2 & 3 & 4 \\ 2 & 3 & 1 & 4 \end{pmatrix}$$

の4のところを省略したものなのか，それとも

$$\begin{pmatrix} 1 & 2 & 3 & 4 & 5 \\ 2 & 3 & 1 & 4 & 5 \end{pmatrix}$$

の 4 と 5 のところを省略したものなのか，区別がつかなくなりません？

和尚　すばらしい！　いい質問だ．確かに，記号の意味がアイマイになるのは困る．動かないところは省略すると言ったが，ちょっとその前に戻る．

一般に，

$$\begin{pmatrix} 1 & 2 & 3 \end{pmatrix}$$

の形の置換を **{1, 2, 3}** 上の置換という．

同様に，

$$\begin{pmatrix} 1 & 2 & 3 & 4 \end{pmatrix}$$

の形の置換を **{1, 2, 3, 4}** 上の置換という．

もえ　意味はわかりますけど，なんだか長ったらしいですねぇ．

和尚　一般に，

$$\begin{pmatrix} 1 & 2 & \cdots & n \end{pmatrix}$$

の形の置換を **{1, 2, $\cdots$, n}** 上の置換という．

たとえば，{1, 2, 3, 4, 5} 上の置換が

$$\begin{pmatrix} 1 & 2 & 3 \\ 2 & 3 & 1 \end{pmatrix}$$

と書かれていたら，これはもともと

$$\begin{pmatrix} 1 & 2 & 3 & 4 & 5 \\ 2 & 3 & 1 & 4 & 5 \end{pmatrix}$$

という置換であることがわかる．

沙織　なるほど．

もえ　ウーン．ちょっとややこしくなってきたぞ．

●例題 3　$\{1, 2, 3, 4, 5, 6\}$ 上の置換がつぎのように書かれるとき，それぞれを $\begin{pmatrix} 1 & 2 & 3 & 4 & 5 & 6 \end{pmatrix}$ の形に書き直せ．

(1) $\begin{pmatrix} 2 & 3 & 6 \\ 6 & 2 & 3 \end{pmatrix}$　　(2) $\begin{pmatrix} 2 & 1 & 6 & 5 & 4 \\ 5 & 6 & 4 & 2 & 1 \end{pmatrix}$

(3) $\begin{pmatrix} 1 & 5 \\ 5 & 1 \end{pmatrix}$

和尚　これもまあサービス問題だなあ．
もえ　これはできそうだな．やってみまーす．
　　(1) は
$$\begin{pmatrix} 2 & 3 & 6 \\ 6 & 2 & 3 \end{pmatrix}$$
だから，2 を 6 に，3 を 2 に，6 を 3 に移して，その他の 1, 4, 5 は動かさないから，
$$\begin{pmatrix} 2 & 3 & 6 \\ 6 & 2 & 3 \end{pmatrix} = \begin{pmatrix} 1 & 2 & 3 & 4 & 5 & 6 \\ 1 & 6 & 2 & 4 & 5 & 3 \end{pmatrix}$$
となります．
和尚　なるほど．
もえ　(2) も同じように考えて
$$\begin{pmatrix} 2 & 1 & 6 & 5 & 4 \\ 5 & 6 & 4 & 2 & 1 \end{pmatrix} = \begin{pmatrix} 1 & 2 & 3 & 4 & 5 & 6 \\ 6 & 5 & 3 & 1 & 2 & 4 \end{pmatrix}$$
となるでしょ．
　　(3) は
$$\begin{pmatrix} 1 & 5 \\ 5 & 1 \end{pmatrix} = \begin{pmatrix} 1 & 2 & 3 & 4 & 5 & 6 \\ 5 & 2 & 3 & 4 & 1 & 6 \end{pmatrix}$$
となって，できました．

和尚　正解だ.

●例題 3 の答　（1）$\begin{pmatrix} 2 & 3 & 6 \\ 6 & 2 & 3 \end{pmatrix} = \begin{pmatrix} 1 & 2 & 3 & 4 & 5 & 6 \\ 1 & 6 & 2 & 4 & 5 & 3 \end{pmatrix}$

（2）$\begin{pmatrix} 2 & 1 & 6 & 5 & 4 \\ 5 & 6 & 4 & 2 & 1 \end{pmatrix} = \begin{pmatrix} 1 & 2 & 3 & 4 & 5 & 6 \\ 6 & 5 & 3 & 1 & 2 & 4 \end{pmatrix}$

（3）$\begin{pmatrix} 1 & 5 \\ 5 & 1 \end{pmatrix} = \begin{pmatrix} 1 & 2 & 3 & 4 & 5 & 6 \\ 5 & 2 & 3 & 4 & 1 & 6 \end{pmatrix}$

● 置換の積

和尚　さていよいよ「置換の積」の計算に行くぞ.

もえ　チカンのセキですか？　ウチのサークルの 1 年生で関くんという男の子がいますけど, 彼はチカンじゃありませんよ.

沙織　ギャハハハ, 何言ってんのよ, もえ！

和尚　もういい加減にチカンの連想から離れたらどうだ.

もえ　すいません. 余計なこと言いました.

和尚　その置換の積だが, これは実例を説明すれば一発でわかる, たぶん.

沙織　一発で, ですか？

和尚　たとえば $\{1, 2, 3, 4, 5\}$ 上の 2 つの置換

$$\begin{pmatrix} 1 & 2 & 3 & 4 & 5 \\ 2 & 1 & 4 & 3 & 5 \end{pmatrix}$$

と

$$\begin{pmatrix} 1 & 2 & 3 & 4 & 5 \\ 5 & 3 & 4 & 1 & 2 \end{pmatrix}$$

の積

$$\begin{pmatrix} 1 & 2 & 3 & 4 & 5 \\ 2 & 1 & 4 & 3 & 5 \end{pmatrix} \begin{pmatrix} 1 & 2 & 3 & 4 & 5 \\ 5 & 3 & 4 & 1 & 2 \end{pmatrix}$$

は，やはり $\{1, 2, 3, 4, 5\}$ 上の置換になるのだが，次のように計算する．

$1, 2, 3, 4, 5$ のそれぞれがどこに移るかを調べていく．まず 1 は，左の置換では 2 に移るから

$$1 \to 2$$

だが，2 は右の置換で 3 に移るから，この 2 つをつなげて

$$1 \to 2 \to 3$$

となって，1 は 3 に移る：

$$\begin{pmatrix} 1 & 2 & 3 & 4 & 5 \\ 2 & 1 & 4 & 3 & 5 \end{pmatrix} \begin{pmatrix} 1 & 2 & 3 & 4 & 5 \\ 5 & 3 & 4 & 1 & 2 \end{pmatrix} = \begin{pmatrix} 1 & 2 & 3 & 4 & 5 \\ 3 & & & & \end{pmatrix}.$$

同様にして，2 は左の置換で 1 に移るから

$$2 \to 1$$

だが，1 は右の置換で 5 に移るから，これをつなげて

$$2 \to 1 \to 5$$

となって，2 は 5 に移る：

$$\begin{pmatrix} 1 & 2 & 3 & 4 & 5 \\ 2 & 1 & 4 & 3 & 5 \end{pmatrix} \begin{pmatrix} 1 & 2 & 3 & 4 & 5 \\ 5 & 3 & 4 & 1 & 2 \end{pmatrix} = \begin{pmatrix} 1 & 2 & 3 & 4 & 5 \\ 3 & 5 & & & \end{pmatrix}.$$

以下同様に，3, 4, 5 の移る先を調べると，

$$\begin{pmatrix} 1 & 2 & 3 & 4 & 5 \\ 2 & 1 & 4 & 3 & 5 \end{pmatrix} \begin{pmatrix} 1 & 2 & 3 & 4 & 5 \\ 5 & 3 & 4 & 1 & 2 \end{pmatrix} = \begin{pmatrix} 1 & 2 & 3 & 4 & 5 \\ 3 & 5 & 1 & 4 & 2 \end{pmatrix}$$

となる．これが置換の積の計算法だ．

もえ わかった！ これは一発でわかりました．

和尚 さすがは恵理偉都大学だ．

●例題 4　置換の積を計算せよ．

(1) $\begin{pmatrix} 1 & 2 & 3 \\ 3 & 2 & 1 \end{pmatrix} \begin{pmatrix} 1 & 2 & 3 \\ 3 & 1 & 2 \end{pmatrix}$　　(2) $\begin{pmatrix} 1 & 2 & 3 & 4 \\ 4 & 1 & 2 & 3 \end{pmatrix} \begin{pmatrix} 1 & 2 & 3 & 4 \\ 4 & 1 & 2 & 3 \end{pmatrix}$

(3) $\begin{pmatrix} 1 & 2 & 3 & 4 & 5 \\ 5 & 4 & 2 & 1 & 3 \end{pmatrix} \begin{pmatrix} 1 & 2 & 3 & 4 & 5 \\ 5 & 3 & 4 & 1 & 2 \end{pmatrix}$

和尚 一発でわかったそうだから,もえがやってごらん.

もえ もーまかせてください! 2つつなげるだけだからカンタンカンタン!

まず (1) は,

$$\begin{array}{ccc} 1 & 2 & 3 \\ \downarrow & \downarrow & \downarrow \\ 3 & 2 & 1 \\ \downarrow & \downarrow & \downarrow \\ 2 & 1 & 3 \end{array}$$

だから

$$\begin{pmatrix} 1 & 2 & 3 \\ 3 & 2 & 1 \end{pmatrix} \begin{pmatrix} 1 & 2 & 3 \\ 3 & 1 & 2 \end{pmatrix} = \begin{pmatrix} 1 & 2 & 3 \\ 2 & 1 & 3 \end{pmatrix}$$

でしょ.

(2) は

$$\begin{array}{cccc} 1 & 2 & 3 & 4 \\ \downarrow & \downarrow & \downarrow & \downarrow \\ 4 & 1 & 2 & 3 \\ \downarrow & \downarrow & \downarrow & \downarrow \\ 3 & 4 & 1 & 2 \end{array}$$

だから

$$\begin{pmatrix} 1 & 2 & 3 & 4 \\ 4 & 1 & 2 & 3 \end{pmatrix} \begin{pmatrix} 1 & 2 & 3 & 4 \\ 4 & 1 & 2 & 3 \end{pmatrix} = \begin{pmatrix} 1 & 2 & 3 & 4 \\ 3 & 4 & 1 & 2 \end{pmatrix}$$

でしょ.

(3) は

$$\begin{array}{ccccc} 1 & 2 & 3 & 4 & 5 \\ \downarrow & \downarrow & \downarrow & \downarrow & \downarrow \\ 5 & 4 & 2 & 1 & 3 \\ \downarrow & \downarrow & \downarrow & \downarrow & \downarrow \\ 2 & 1 & 3 & 5 & 4 \end{array}$$

だから

$$\begin{pmatrix} 1 & 2 & 3 & 4 & 5 \\ 5 & 4 & 2 & 1 & 3 \end{pmatrix} \begin{pmatrix} 1 & 2 & 3 & 4 & 5 \\ 5 & 3 & 4 & 1 & 2 \end{pmatrix} = \begin{pmatrix} 1 & 2 & 3 & 4 & 5 \\ 2 & 1 & 3 & 5 & 4 \end{pmatrix}$$

で，できました．

和尚　正解だ．

もえ　やったー！　気分いいなあ．

●例題4の答　(1) $\begin{pmatrix} 1 & 2 & 3 \\ 2 & 1 & 3 \end{pmatrix}$　(2) $\begin{pmatrix} 1 & 2 & 3 & 4 \\ 3 & 4 & 1 & 2 \end{pmatrix}$

(3) $\begin{pmatrix} 1 & 2 & 3 & 4 & 5 \\ 2 & 1 & 3 & 5 & 4 \end{pmatrix}$

●記号に関する注意

和尚　置換の積，たとえば

$$\begin{pmatrix} 1 & 2 & 3 \\ 1 & 3 & 2 \end{pmatrix} \begin{pmatrix} 1 & 2 & 3 \\ 2 & 3 & 1 \end{pmatrix}$$

を計算するとき，まず左側の置換を見て，それに右側の置換をつなげて，

$$\begin{array}{ccc} 1 & 2 & 3 \\ \downarrow & \downarrow & \downarrow \\ 1 & 3 & 2 \\ \downarrow & \downarrow & \downarrow \\ 2 & 1 & 3 \end{array}$$

より

$$\begin{pmatrix} 1 & 2 & 3 \\ 1 & 3 & 2 \end{pmatrix} \begin{pmatrix} 1 & 2 & 3 \\ 2 & 3 & 1 \end{pmatrix} = \begin{pmatrix} 1 & 2 & 3 \\ 2 & 1 & 3 \end{pmatrix}$$

としたのだが，じつは右側の置換を先に見てそれに左側の置換をつなげる，という流儀もある．これだと，右側が先だから

$$\begin{array}{ccc} 1 & 2 & 3 \\ \downarrow & \downarrow & \downarrow \\ 2 & 3 & 1 \\ \downarrow & \downarrow & \downarrow \\ 3 & 2 & 1 \end{array}$$

となって，

$$\begin{pmatrix} 1 & 2 & 3 \\ 1 & 3 & 2 \end{pmatrix} \begin{pmatrix} 1 & 2 & 3 \\ 2 & 3 & 1 \end{pmatrix} = \begin{pmatrix} 1 & 2 & 3 \\ 3 & 2 & 1 \end{pmatrix}$$

となるわけだ．同じ記号が別の意味で使われている．

もえ やだなあ．まぎらわしい．

和尚 群論の本を読むときには記号をどっちの意味で使っているかよく確かめた方がいい．

左側が先か右側が先か，それぞれに理由があって，どっちが正しいかというより「好み」の問題だ．

ワシの考えでは，

$$\begin{pmatrix} 1 & 2 & 3 \\ 1 & 3 & 2 \end{pmatrix} \begin{pmatrix} 1 & 2 & 3 \\ 2 & 3 & 1 \end{pmatrix}$$

と書くときは左から右に向かって書くわけだし，上段の 1, 2, 3 も左から右に向かって並んでいるのだから，やはり左の置換を先に見てそれに右の置換をつなげて計算する方が自然だと思う．

沙織 「代数学基礎」の講義でも左が先でした．

和尚 ならばちょうどいい．余計なことかもしれんが，念のため触れておいた．

● 恒等置換

和尚 たとえば

$$\begin{pmatrix} 1 & 2 & 3 \\ 1 & 2 & 3 \end{pmatrix}$$

のように，なんにも動かさない置換を**恒等置換**という．
$\{1, 2, \cdots, n\}$ 上の恒等置換とは，

$$\begin{pmatrix} 1 & 2 & \cdots & n \\ 1 & 2 & \cdots & n \end{pmatrix}$$

という置換のことだ．

もえ これもネーミングが良くないなあ．なんだか高等なチカンみたいだ．

和尚 置換と恒等置換の積，また恒等置換と置換との積は，たとえば

$$\begin{pmatrix} 1 & 2 & 3 \\ 2 & 3 & 1 \end{pmatrix} \begin{pmatrix} 1 & 2 & 3 \\ 1 & 2 & 3 \end{pmatrix} = \begin{pmatrix} 1 & 2 & 3 \\ 2 & 3 & 1 \end{pmatrix},$$

$$\begin{pmatrix} 1 & 2 & 3 & 4 \\ 1 & 2 & 3 & 4 \end{pmatrix} \begin{pmatrix} 1 & 2 & 3 & 4 \\ 4 & 3 & 2 & 1 \end{pmatrix} = \begin{pmatrix} 1 & 2 & 3 & 4 \\ 4 & 3 & 2 & 1 \end{pmatrix}$$

のように，もとの置換を変えない．

● **逆置換**

和尚 置換の上段と下段を入れかえたもの（これも置換になる）を，もとの置換の**逆置換**という．右上に -1 をつけて表す．たとえば

$$\begin{pmatrix} 1 & 2 & 3 & 4 \\ 2 & 1 & 4 & 3 \end{pmatrix}$$

の逆置換は

$$\begin{pmatrix} 1 & 2 & 3 & 4 \\ 2 & 1 & 4 & 3 \end{pmatrix}^{-1} = \begin{pmatrix} 2 & 1 & 4 & 3 \\ 1 & 2 & 3 & 4 \end{pmatrix}$$

となるわけだ．

もえ 逆チカンねえ．女のコがナンパすることを逆ナンていいますよね．てことは逆チカンは女のチカンでしょうか．

和尚 ちゃうわい！

沙織 ギャハハハ，おっかしーい！

和尚 置換と逆置換の積，逆置換と置換の積は，たとえば

$$\begin{pmatrix} 1\ 2\ 3\ 4 \\ 2\ 1\ 4\ 3 \end{pmatrix} \begin{pmatrix} 1\ 2\ 3\ 4 \\ 2\ 1\ 4\ 3 \end{pmatrix}^{-1} = \begin{pmatrix} 1\ 2\ 3\ 4 \\ 2\ 1\ 4\ 3 \end{pmatrix} \begin{pmatrix} 2\ 1\ 4\ 3 \\ 1\ 2\ 3\ 4 \end{pmatrix}$$

$$= \begin{pmatrix} 1\ 2\ 3\ 4 \\ 1\ 2\ 3\ 4 \end{pmatrix},$$

$$\begin{pmatrix} 1\ 2\ 3\ 4 \\ 2\ 1\ 4\ 3 \end{pmatrix}^{-1} \begin{pmatrix} 1\ 2\ 3\ 4 \\ 2\ 1\ 4\ 3 \end{pmatrix} = \begin{pmatrix} 2\ 1\ 4\ 3 \\ 1\ 2\ 3\ 4 \end{pmatrix} \begin{pmatrix} 1\ 2\ 3\ 4 \\ 2\ 1\ 4\ 3 \end{pmatrix}$$

$$= \begin{pmatrix} 2\ 1\ 4\ 3 \\ 2\ 1\ 4\ 3 \end{pmatrix}$$

$$= \begin{pmatrix} 1\ 2\ 3\ 4 \\ 1\ 2\ 3\ 4 \end{pmatrix}$$

のように，どちらも恒等置換になる．

●**例題 5** 逆置換を $\begin{pmatrix} 1\ 2\ 3\ 4\ 5 \\ \ \ \ \ \ \ \ \ \ \end{pmatrix}$ の形に表せ．

(1) $\begin{pmatrix} 1\ 2\ 3\ 4\ 5 \\ 4\ 5\ 2\ 1\ 3 \end{pmatrix}$　　(2) $\begin{pmatrix} 1\ 2\ 3\ 4\ 5 \\ 5\ 1\ 2\ 3\ 4 \end{pmatrix}$

(3) $\begin{pmatrix} 1\ 2\ 3\ 4\ 5 \\ 1\ 5\ 4\ 3\ 2 \end{pmatrix}$

もえ 上下ひっくり返して並べかえるだけでしょ．小学生でもできそう．
和尚 お茶の子さいさいか？
もえ やってみまーす．上下を入れかえるから，(1) は

$$\begin{pmatrix} 1\ 2\ 3\ 4\ 5 \\ 4\ 5\ 2\ 1\ 3 \end{pmatrix}^{-1} = \begin{pmatrix} 4\ 5\ 2\ 1\ 3 \\ 1\ 2\ 3\ 4\ 5 \end{pmatrix}$$

$$= \begin{pmatrix} 1\ 2\ 3\ 4\ 5 \\ 4\ 3\ 5\ 1\ 2 \end{pmatrix}$$

でしょ．(2) は

$$\begin{pmatrix} 1 & 2 & 3 & 4 & 5 \\ 5 & 1 & 2 & 3 & 4 \end{pmatrix}^{-1} = \begin{pmatrix} 5 & 1 & 2 & 3 & 4 \\ 1 & 2 & 3 & 4 & 5 \end{pmatrix}$$
$$= \begin{pmatrix} 1 & 2 & 3 & 4 & 5 \\ 2 & 3 & 4 & 5 & 1 \end{pmatrix}$$

で，(3) は

$$\begin{pmatrix} 1 & 2 & 3 & 4 & 5 \\ 1 & 5 & 4 & 3 & 2 \end{pmatrix}^{-1} = \begin{pmatrix} 1 & 5 & 4 & 3 & 2 \\ 1 & 2 & 3 & 4 & 5 \end{pmatrix}$$
$$= \begin{pmatrix} 1 & 2 & 3 & 4 & 5 \\ 1 & 5 & 4 & 3 & 2 \end{pmatrix}$$

で，できました．

和尚　正解だ．

●例題5の答　（1）$\begin{pmatrix} 1 & 2 & 3 & 4 & 5 \\ 4 & 3 & 5 & 1 & 2 \end{pmatrix}$　（2）$\begin{pmatrix} 1 & 2 & 3 & 4 & 5 \\ 2 & 3 & 4 & 5 & 1 \end{pmatrix}$

（3）$\begin{pmatrix} 1 & 2 & 3 & 4 & 5 \\ 1 & 5 & 4 & 3 & 2 \end{pmatrix}$

和尚　今日はここまでにしておこう．数学アレルギーは出なかったか？
もえ　だいじょぶです．
和尚　宿題を出しておくから明日までにやっておくこと．
もえ　ありがとうございました．失礼しまーす．
沙織　失礼しまーす．
和尚　気をつけてお帰り．

● 宿題 1

① 置換の積を計算せよ．

(1) $\begin{pmatrix} 1 & 2 & 3 \\ 3 & 2 & 1 \end{pmatrix} \begin{pmatrix} 1 & 2 & 3 \\ 2 & 1 & 3 \end{pmatrix}$ (2) $\begin{pmatrix} 1 & 2 & 3 & 4 \\ 1 & 4 & 2 & 3 \end{pmatrix} \begin{pmatrix} 1 & 2 & 3 & 4 \\ 2 & 1 & 3 & 4 \end{pmatrix}$

(3) $\begin{pmatrix} 1 & 2 & 3 & 4 & 5 \\ 5 & 1 & 4 & 3 & 2 \end{pmatrix} \begin{pmatrix} 1 & 2 & 3 & 4 & 5 \\ 3 & 4 & 1 & 5 & 2 \end{pmatrix}$

② それぞれの置換の逆置換を $\begin{pmatrix} 1 & 2 & 3 & 4 \end{pmatrix}$ の形に表せ．

(1) $\begin{pmatrix} 1 & 2 & 3 & 4 \\ 4 & 1 & 2 & 3 \end{pmatrix}$ (2) $\begin{pmatrix} 1 & 2 & 3 & 4 \\ 2 & 1 & 4 & 3 \end{pmatrix}$

(3) $\begin{pmatrix} 2 & 3 & 4 & 1 \\ 3 & 2 & 1 & 4 \end{pmatrix}$

● 2日目

置換の計算(2)

●宿題1の答　① (1) $\begin{pmatrix} 1\ 2\ 3 \\ 3\ 1\ 2 \end{pmatrix}$　(2) $\begin{pmatrix} 1\ 2\ 3\ 4 \\ 2\ 4\ 1\ 3 \end{pmatrix}$
(3) $\begin{pmatrix} 1\ 2\ 3\ 4\ 5 \\ 2\ 3\ 5\ 1\ 4 \end{pmatrix}$　② (1) $\begin{pmatrix} 1\ 2\ 3\ 4 \\ 2\ 3\ 4\ 1 \end{pmatrix}$
(2) $\begin{pmatrix} 1\ 2\ 3\ 4 \\ 2\ 1\ 4\ 3 \end{pmatrix}$　(3) $\begin{pmatrix} 1\ 2\ 3\ 4 \\ 4\ 3\ 2\ 1 \end{pmatrix}$

もえ　夏休み明けのテスト，なんだか心配だなあ．

和尚　ちゃんと準備しておけば問題あるまい．

もえ　それが本番になると異常にキンチョーして失敗ばっかり．成功したためしがないんです．

和尚　テストで成功するためには梅干しを食べるといい．

沙織　梅干しを？

和尚　梅干しはすっぱい．「すっぱいは成功のもと」だ．

沙織　ギャハハハ！

もえ　しょーもなー！

和尚　今日もアタマをやわらかくするための準備体操から始める．

もえ　またですか？

和尚　外国の都市の名前だが，何と読むかな？

　　　　　巴里　　倫敦　　紐育

沙織　これってギャグじゃなくてまじめなクイズ？

もえ　読めますよ！　左から順に，パリ，ロンドン，ニューヨークです．

沙織　すごーい！

和尚　さすがは恵理偉都大学商学部，正解だぞ．

もえ　じつは漢字が超苦手だったので，これじゃマズイと思って猛勉強したんです．もー漢字のクイズはまかせてください．

和尚　おそれいった．では，つぎの (a), (b) は何と読むかな？

　　　　　（ a ）剣橋　　（ b ）牛津

沙織　これも外国の都市ですか？

和尚　その通り．

もえ　えーっ．これは見たことないなあ．

和尚　知らなくても，アタマをやわらかくしてじーっと見ていると，何かひらめくだろう．

もえ　そうですかあ．いやあ残念ながら何もひらめきません．

沙織　右に同じです．

和尚　ヒントを出そうか．「橋」を英語で何と言う？

沙織　橋ですか？　橋は「ブリッジ」です．

もえ　わかった！　(a) の「剣橋」は「ケンブリッジ」だ！

沙織　剣を日本語で読んで，橋は英語読みかあ．

もえ　(b) の「牛津」は「オックスフォード」ですね？

和尚　その通り．

　　　　（ a ）ケンブリッジ　　（ b ）オックスフォード

　　　昔の人が知恵を絞って漢字を当てはめたんだろうなあ．「剣橋」はケッサクだ．

20

沙織　いやあ勉強になりました.

◉置換を文字で表す

和尚　置換を表すのにギリシャ文字を使うことが多いのだが，数学の苦手な人はギリシャ文字を見ただけでアレルギーを起こすことがあるそうだな.

もえ　てゆーか，ふだん使わないので何と読むのか分からないんです.

沙織　α とか β ぐらいはすぐ読めますけど，何と読むのかよく分からない字が出てくると「やだなあ」って思っちゃいます.

和尚　読み方をいちいち説明するのはめんどくさいから，ここでは妥協してアルファベットの大文字を使うことにしよう.

●例題1　$\{1, 2, 3, 4, 5\}$ 上の置換 A, B を
$$A = \begin{pmatrix} 1 & 2 & 3 & 4 & 5 \\ 4 & 1 & 2 & 5 & 3 \end{pmatrix}, \quad B = \begin{pmatrix} 2 & 3 & 4 \\ 4 & 2 & 3 \end{pmatrix}$$
で定めるとき，つぎの置換を $\begin{pmatrix} 1 & 2 & 3 & 4 & 5 \end{pmatrix}$ の形に表せ.

(1) AB　　(2) $A^{-1}B^{-1}$

和尚　サービス問題．記号に慣れるという意味だ.

もえ　なんだか数学らしくなってきましたね．やってみまーす．(1) は
$$B = \begin{pmatrix} 2 & 3 & 4 \\ 4 & 2 & 3 \end{pmatrix} = \begin{pmatrix} 1 & 2 & 3 & 4 & 5 \\ 1 & 4 & 2 & 3 & 5 \end{pmatrix}$$
なので,
$$AB = \begin{pmatrix} 1 & 2 & 3 & 4 & 5 \\ 4 & 1 & 2 & 5 & 3 \end{pmatrix} \begin{pmatrix} 1 & 2 & 3 & 4 & 5 \\ 1 & 4 & 2 & 3 & 5 \end{pmatrix}$$

$$= \begin{pmatrix} 1 & 2 & 3 & 4 & 5 \\ 3 & 1 & 4 & 5 & 2 \end{pmatrix}$$

となります.（2）はまず逆置換 A^{-1}, B^{-1} を求めて

$$A^{-1} = \begin{pmatrix} 4 & 1 & 2 & 5 & 3 \\ 1 & 2 & 3 & 4 & 5 \end{pmatrix} = \begin{pmatrix} 1 & 2 & 3 & 4 & 5 \\ 2 & 3 & 5 & 1 & 4 \end{pmatrix},$$

$$B^{-1} = \begin{pmatrix} 1 & 4 & 2 & 3 & 5 \\ 1 & 2 & 3 & 4 & 5 \end{pmatrix} = \begin{pmatrix} 1 & 2 & 3 & 4 & 5 \\ 1 & 3 & 4 & 2 & 5 \end{pmatrix}$$

ですから，

$$A^{-1}B^{-1} = \begin{pmatrix} 1 & 2 & 3 & 4 & 5 \\ 2 & 3 & 5 & 1 & 4 \end{pmatrix} \begin{pmatrix} 1 & 2 & 3 & 4 & 5 \\ 1 & 3 & 4 & 2 & 5 \end{pmatrix}$$

$$= \begin{pmatrix} 1 & 2 & 3 & 4 & 5 \\ 3 & 4 & 5 & 1 & 2 \end{pmatrix}$$

となりました.

和尚 正解だ.

●例題1の答　（1）$\begin{pmatrix} 1 & 2 & 3 & 4 & 5 \\ 3 & 1 & 4 & 5 & 2 \end{pmatrix}$　　（2）$\begin{pmatrix} 1 & 2 & 3 & 4 & 5 \\ 3 & 4 & 5 & 1 & 2 \end{pmatrix}$

和尚 置換 A によって

$$1,\ 2,\ 3,\ \cdots$$

が移る先を，それぞれ

$$1^A,\ 2^A,\ 3^A,\ \cdots$$

と，右肩に A を付けて表すことにする. すなわち，A が $\{1, 2, \cdots, n\}$ 上の置換ならば

$$A = \begin{pmatrix} 1 & 2 & \cdots & n \\ 1^A & 2^A & \cdots & n^A \end{pmatrix}$$

となるわけだ.

たとえば，

$$A = \begin{pmatrix} 1 & 2 & 3 & 4 \\ 2 & 4 & 3 & 1 \end{pmatrix}$$

のときは,
$$1^A = 2,\ 2^A = 4,\ 3^A = 3,\ 4^A = 1$$
ということにする.

もえ　ウーン・・・

和尚　どうした？　数学アレルギーか？

もえ　いえ，まだだいじょうぶです．

和尚　A, B が $\{1, 2, \cdots, n\}$ 上の置換のとき，積 AB は
$$AB = \begin{pmatrix} 1 & 2 & \cdots & n \\ (1^A)^B & (2^A)^B & \cdots & (n^A)^B \end{pmatrix}$$
で定義され，これも $\{1, 2, \cdots, n\}$ 上の置換となる．

もえ　うわあ，ややこしくなってきた！

沙織　えーと，AB は A と B をつなげるわけだから，

$$\begin{array}{cccc} 1 & 2 & \cdots & n \\ \downarrow & \downarrow & & \downarrow \quad \leftarrow 置換 A \\ 1^A & 2^A & \cdots & n^A \\ \downarrow & \downarrow & & \downarrow \quad \leftarrow 置換 B \\ (1^A)^B & (2^A)^B & \cdots & (n^A)^B \end{array}$$

ということですね．

和尚　そう．だから AB を上のように定義したわけだ．したがって，
$$1^{AB} = (1^A)^B,\ 2^{AB} = (2^A)^B,\ \cdots,\ n^{AB} = (n^A)^B$$
が成り立っている．

もえ　えーとえーと，ここで
$$1^{AB}$$
ていうのは，「置換 AB によって 1 が移る先」という意味ですね？

和尚　その通り．それが「置換 B によって 1^A という番号が移る先」に一致する，というのが

$$1^{AB} = (1^A)^B$$

の意味だ．

もえ なーるほど．

和尚 $\{1, 2, \cdots, n\}$ 上の置換 A と B が**等**しいとは，n 個の式

$$1^A = 1^B, \ 2^A = 2^B, \ \cdots, \ n^A = n^B$$

がすべて成り立つ，という意味だ．このとき

$$A = B$$

と表す．

恒等置換をここでは E で表すことにしよう．すなわち，

$$E = \begin{pmatrix} 1 & 2 & \cdots & n \\ 1 & 2 & \cdots & n \end{pmatrix}.$$

すると，

$$1^E = 1, \ 2^E = 2, \ \cdots, \ n^E = n$$

だから，

$$1^{AE} = (1^A)^E = 1^A$$

より

$$1^{AE} = 1^A.$$

同様にして，

$$2^{AE} = 2^A, \ \cdots, \ n^{AE} = n^A$$

となるから，

$$AE = A$$

が成り立つ．

沙織 置換 AE と置換 A とで，各番号 $1, 2, \cdots, n$ の移る先が一致するから，ということですね．

和尚 その通り．一方，

$$1^{EA} = (1^E)^A = 1^A$$

より
$$1^{EA} = 1^A.$$
同様にして
$$2^{EA} = 2^A, \cdots, n^{EA} = n^A$$
となるから
$$EA = A$$
が成り立つ．したがって
$$AE = A, \quad EA = A$$
が示されたわけだ．

もえ なーるほど．

和尚 逆置換については，
$$A = \begin{pmatrix} 1 & 2 & \cdots & n \\ 1^A & 2^A & \cdots & n^A \end{pmatrix}$$
に対して
$$A^{-1} = \begin{pmatrix} 1^A & 2^A & \cdots & n^A \\ 1 & 2 & \cdots & n \end{pmatrix}$$
で定義されるから，
$$1^{AA^{-1}} = (1^A)^{A^{-1}} = 1 = 1^E$$
より
$$1^{AA^{-1}} = 1^E.$$
同様にして
$$2^{AA^{-1}} = 2^E, \cdots, n^{AA^{-1}} = n^E$$
となるから，
$$AA^{-1} = E$$
が成り立つ．

沙織 ふーん，なるほど．

和尚　一方，置換
$$A = \begin{pmatrix} 1 & 2 & \cdots & n \\ 1^A & 2^A & \cdots & n^A \end{pmatrix}$$
の下の段のどこかに 1 があるはずだが，その 1 のすぐ上には $1^{A^{-1}}$ という番号があるはずだ．
$$A = \begin{pmatrix} \cdots & 1^{A^{-1}} & \cdots \\ \cdots & 1 & \cdots \end{pmatrix}$$
なぜなら，A の上下を逆にしたものが
$$A^{-1} = \begin{pmatrix} \cdots & 1 & \cdots \\ \cdots & 1^{A^{-1}} & \cdots \end{pmatrix}$$
だから．したがって，
$$1^{A^{-1}A} = (1^{A^{-1}})^A = 1$$
となることがわかる．すなわち
$$1^{A^{-1}A} = 1^E.$$
同様にして
$$2^{A^{-1}A} = 2^E, \cdots, n^{A^{-1}A} = n^E$$
となるから，
$$A^{-1}A = E$$
が成り立つ．

沙織　なるほどなるほど．

和尚　逆置換については，
$$AA^{-1} = E, \quad A^{-1}A = E$$
が示されたことになる．

●結合法則

和尚　A, B, C が $\{1, 2, \cdots, n\}$ 上の置換のとき，
$$(AB)C = A(BC)$$
が成り立つ．これを**結合法則**という．

もえ 意味がよくわかりません．

和尚 左辺の $(AB)C$ は，AB という置換と C という置換の積を表す．右辺の $A(BC)$ は，A という置換と BC という置換の積を表す．この両者が置換として等しい，というのが結合法則だ．

もえ 当たり前みたいにみえるなあ．

和尚 さあどうかな．確かめておこう．左辺も右辺も $\{1, 2, \cdots, n\}$ 上の置換だから，この両者が等しいことを示すには各番号 $1, 2, \cdots, n$ の移る先が一致することを言えばよい．

沙織 なるほど．

和尚 まず
$$1^{(AB)C} = (1^{AB})^C$$
において，
$$1^{AB} = (1^A)^B$$
だから，
$$1^{(AB)C} = (1^{AB})^C = ((1^A)^B)^C$$
となる．一方
$$1^{A(BC)} = (1^A)^{BC} = ((1^A)^B)^C$$
なので，
$$1^{(AB)C} = 1^{A(BC)}$$
となることがわかる．同様に
$$2^{(AB)C} = 2^{A(BC)}, \cdots, n^{(AB)C} = n^{A(BC)}$$
となるから，
$$(AB)C = A(BC)$$
が示されたわけだ．

沙織 2 つの置換が等しいことを示すには何を言えばいいのか．そこがポイントですね．

和尚 その通りだ.

結合法則が成り立つことをふまえて,3つの置換 A_1, A_2, A_3 の積はカッコを付けずに

$$A_1 A_2 A_3$$

で表す.4つ以上の置換の積も,

$$A_1 A_2 A_3 A_4, \cdots, A_1 A_2 \cdots A_k$$

のように,カッコを付けないで表すことができる.

もえ カッコつけるなってことですね.

和尚 A_1, A_2, $\cdots$ がすべて同じ置換のとき,数の場合と同じように,

$$AA = A^2, \quad AAA = A^3, \quad AAAA = A^4, \quad \cdots$$

などと,右上に数字を付けて表す.

●例題2 $\{1, 2, 3, 4, 5\}$ 上の置換

$$A = \begin{pmatrix} 1 & 2 & 3 & 4 & 5 \\ 3 & 1 & 2 & 5 & 4 \end{pmatrix}$$

に対して,A^2, A^3, A^6 をそれぞれ $\begin{pmatrix} 1 & 2 & 3 & 4 & 5 \\ & & & & \end{pmatrix}$ の形に表せ.

もえ できそうだからやってみよう.えーと,

$$A^2 = AA = \begin{pmatrix} 1 & 2 & 3 & 4 & 5 \\ 3 & 1 & 2 & 5 & 4 \end{pmatrix} \begin{pmatrix} 1 & 2 & 3 & 4 & 5 \\ 3 & 1 & 2 & 5 & 4 \end{pmatrix}$$
$$= \begin{pmatrix} 1 & 2 & 3 & 4 & 5 \\ 2 & 3 & 1 & 4 & 5 \end{pmatrix}$$

でしょ.A^3 は

$$A^3 = AAA = (AA)A = A^2 A$$
$$= \begin{pmatrix} 1 & 2 & 3 & 4 & 5 \\ 2 & 3 & 1 & 4 & 5 \end{pmatrix} \begin{pmatrix} 1 & 2 & 3 & 4 & 5 \\ 3 & 1 & 2 & 5 & 4 \end{pmatrix}$$

$$= \begin{pmatrix} 1 & 2 & 3 & 4 & 5 \\ 1 & 2 & 3 & 5 & 4 \end{pmatrix}$$

となって，なんだかおもしろいな．

A^6 は，うわあめんどくさそう．

沙織 そうでもないよ．

$$A^6 = AAAAAA$$
$$= (AAA)(AAA)$$
$$= A^3 A^3$$

じゃないの．

もえ なーるほど．そうすると

$$A^6 = A^3 A^3$$
$$= \begin{pmatrix} 1 & 2 & 3 & 4 & 5 \\ 1 & 2 & 3 & 5 & 4 \end{pmatrix} \begin{pmatrix} 1 & 2 & 3 & 4 & 5 \\ 1 & 2 & 3 & 5 & 4 \end{pmatrix}$$
$$= \begin{pmatrix} 1 & 2 & 3 & 4 & 5 \\ 1 & 2 & 3 & 4 & 5 \end{pmatrix}$$

となって，恒等置換になりました．

和尚 正解だ．

●例題 2 の答 $A^2 = \begin{pmatrix} 1 & 2 & 3 & 4 & 5 \\ 2 & 3 & 1 & 4 & 5 \end{pmatrix}$ $A^3 = \begin{pmatrix} 1 & 2 & 3 & 4 & 5 \\ 1 & 2 & 3 & 5 & 4 \end{pmatrix}$

$A^6 = \begin{pmatrix} 1 & 2 & 3 & 4 & 5 \\ 1 & 2 & 3 & 4 & 5 \end{pmatrix}$

●巡回置換

和尚 つぎは巡回置換の話だ．

もえ 巡回チカンですか．電車の中をチカンが巡回してるわけですね．なるほど．

和尚　バカモン！　ええかげんにせえ！
沙織　ギャハハハ！　おっかしーい！
もえ　すんません．余計なこと言いました．
和尚　巡回置換というのは，たとえば

$$(2\ 3),\quad (1\ 5\ 4),\quad (5\ 9\ 6\ 3)$$

といった記号で表される置換のことだ．ここで

$$(5\ 9\ 6\ 3)$$

は，「5を9に移し，9を6に移し，6を3に移し，3を5に移し，その他の番号を動かさない」という置換を表す．

沙織　てことは，

$$5 \longrightarrow 9 \longrightarrow 6 \longrightarrow 3 \longrightarrow 5$$

という意味ですか？

和尚　そう．あるいは

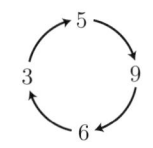

というイメージかな．

もえ　そうすると $(2\ 3)$，$(1\ 5\ 4)$ はそれぞれ

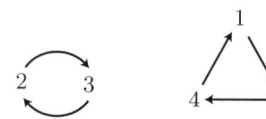

という置換を表すわけですね．

和尚　そう．そして「その他の番号を動かさない」というポイントも忘れないように．

●例題 3　$\{1, 2, 3, 4, 5\}$ 上のつぎの巡回置換をそれぞれ $\begin{pmatrix} 1 & 2 & 3 & 4 & 5 \\ & & & & \end{pmatrix}$ の形で表せ．

（1）$(2\ 3)$　　（2）$(1\ 5\ 4)$　　（3）$(2\ 1\ 4\ 3)$

もえ　できそうだからやってみますね．まず $(2\ 3)$ は，「2 を 3 に移し，3 を 2 に移し，その他の番号は動かさない」のだから，

$$(2\ 3) = \begin{pmatrix} 1 & 2 & 3 & 4 & 5 \\ 1 & 3 & 2 & 4 & 5 \end{pmatrix}$$

となるでしょ．$(1\ 5\ 4)$ は

$$1 \to 5,\quad 5 \to 4,\quad 4 \to 1$$

で，その他の 2, 3 は動かないから

$$(1\ 5\ 4) = \begin{pmatrix} 1 & 2 & 3 & 4 & 5 \\ 5 & 2 & 3 & 1 & 4 \end{pmatrix}$$

となります．

沙織　なるほど．

もえ　$(2\ 1\ 4\ 3)$ は

$$2 \to 1,\quad 1 \to 4,\quad 4 \to 3,\quad 3 \to 2$$

で，その他の番号の 5 は動かないから

$$(2\ 1\ 4\ 3) = \begin{pmatrix} 1 & 2 & 3 & 4 & 5 \\ 4 & 1 & 2 & 3 & 5 \end{pmatrix}$$

となります．

和尚　正解だ．

●例題 3 の答　（1）$\begin{pmatrix} 1 & 2 & 3 & 4 & 5 \\ 1 & 3 & 2 & 4 & 5 \end{pmatrix}$　　（2）$\begin{pmatrix} 1 & 2 & 3 & 4 & 5 \\ 5 & 2 & 3 & 1 & 4 \end{pmatrix}$

(3) $\begin{pmatrix} 1 & 2 & 3 & 4 & 5 \\ 4 & 1 & 2 & 3 & 5 \end{pmatrix}$

和尚　こんな例題はどうかな？

●例題4　$\{1, 2, 3, 4, 5, 6\}$ 上の置換について，
$$(2\ a)(a\ b\ c) = (1\ 3\ 2\ 6)$$
が成り立つように番号 a, b, c を定めよ．ただし a, b, c は相異なるとし，$a \neq 2$ とする．

和尚　ちなみに大学のゼミで「相異なる」を「そういなる」と読んだ学生がいたが，これは「あいことなる」だ．互いに異なるという意味だ．
もえ　こーゆー問題は沙織が得意そうじゃん．
沙織　どうかなあ．両辺とも $\{1, 2, 3, 4, 5, 6\}$ 上の置換だから，それが等しいということは，各番号の行く先が左辺と右辺で同じになるわけでしょ．
もえ　ふんふん．
沙織　まず 2 の行く先を見ると，左辺では $(2\ a)$ で a に移り，それが $(a\ b\ c)$ で b に移るから，
$$2 \longrightarrow a \longrightarrow b$$
で，2 の行く先は b になるじゃない．
もえ　左辺では 2 が b に移るのか．
沙織　右辺では
$$2 \longrightarrow 6$$
だから，2 の行く先は 6 でしょ．それが b に等しいから，

$$b = 6$$

となって，まず b が求まるじゃん．

もえ なーるほど．そんで？

沙織 つぎに 6 の行く先を見ると，a と b が異なるから

$$a \neq 6$$

でしょ．だから 6 は $(2\ a)$ では動かない．$(a\ b\ c)$ で $6\,(=b)$ は c に移るから，左辺では

$$6 \longrightarrow 6 \longrightarrow c$$

となって，6 は c に移ることが分かります．右辺では

$$6 \longrightarrow 1$$

だから，これで

$$c = 1$$

が求まりました．

もえ すごーい．まるでシャーロック・ホームズみたいだ．

沙織 a と c は異なるから

$$a \neq 1.$$

そこで 1 の行く先を見ると左辺では

$$1 \longrightarrow 1 \longrightarrow a$$

で，右辺では

$$1 \longrightarrow 3$$

だから，

$$a = 3$$

となって，

$$a = 3, \quad b = 6, \quad c = 1$$

と求まりました．

もえ すばらしい！

沙織　念のため検算しておくと,
$$(2\ 3)(3\ 6\ 1) = \begin{pmatrix} 1 & 2 & 3 & 4 & 5 & 6 \\ 3 & 6 & 2 & 4 & 5 & 1 \end{pmatrix}$$
$$= (1\ 3\ 2\ 6)$$
で, OKです.

和尚　正解だ.

●例題 4 の答　$a = 3$, $b = 6$, $c = 1$

和尚　巡回置換をあらためて定義しておこう. 相異なる k 個の番号
$$i_1,\ i_2,\ \cdots,\ i_k$$
に対して,「i_1 を i_2 に, i_2 を i_3 に, $\cdots$, i_{k-1} を i_k に, i_k を i_1 にそれぞれ移し, その他の番号を動かさない」という $\{1,\ 2,\ \cdots,\ n\}$ 上の置換を
$$(i_1\ i_2\ \cdots\ i_k)$$
という記号で表し, **k 次の巡回置換**という. ただし
$$1 \leqq k \leqq n,\ 1 \leqq i_1 \leqq n,\ 1 \leqq i_2 \leqq n,\ \cdots,\ 1 \leqq i_k \leqq n$$
とする.

もえ　うわあ長いなあ.

和尚　以前使った記号を用いると,
$$(i_1\ i_2\ \cdots\ i_k) = \begin{pmatrix} i_1 & i_2 & \cdots & i_{k-1} & i_k \\ i_2 & i_3 & \cdots & i_k & i_1 \end{pmatrix}$$
となる.

沙織　この式の右辺では, 動かない番号が省略されてるわけですね.

和尚　そう. たとえば $\{1, 2, 3, 4, 5, 6, 7, 8, 9\}$ 上の置換を考えているときは,

$$(5\ 9\ 6\ 3) = \begin{pmatrix} 5 & 9 & 6 & 3 \\ 9 & 6 & 3 & 5 \end{pmatrix}$$
$$= \begin{pmatrix} 1 & 2 & 3 & 4 & 5 & 6 & 7 & 8 & 9 \\ 1 & 2 & 5 & 4 & 9 & 3 & 7 & 8 & 6 \end{pmatrix}$$

という意味になる．

もえ　なるほど．

和尚　ちなみに，巡回置換では「出発点」はどの番号でもいいので，

$$(5\ 9\ 6\ 3) = (9\ 6\ 3\ 5)$$
$$= (6\ 3\ 5\ 9)$$
$$= (3\ 5\ 9\ 6)$$

となる．

沙織　ぐるっと回って最初に戻るから，ですね．

和尚　**巡回置換の逆置換**はどうなるかわかるかな？

もえ　ヤマカンですけど，巡回置換はぐるっと回ってるから，逆置換は「逆回し」にして，たとえば

$$(5\ 9\ 6\ 3)^{-1} = (3\ 6\ 9\ 5)$$

とすればいいみたい．

和尚　大当たり！　実際，

$$(i_1\ i_2\ \cdots\ i_k) = \begin{pmatrix} i_1 & i_2 & \cdots & i_{k-1} & i_k \\ i_2 & i_3 & \cdots & i_k & i_1 \end{pmatrix}$$

の逆置換は，右辺の上下をひっくりかえして，

$$(i_1\ i_2\ \cdots\ i_k)^{-1} = \begin{pmatrix} i_2 & i_3 & \cdots & i_k & i_1 \\ i_1 & i_2 & \cdots & i_{k-1} & i_k \end{pmatrix}$$
$$= \begin{pmatrix} i_k & \cdots & i_3 & i_2 & i_1 \\ i_{k-1} & \cdots & i_2 & i_1 & i_k \end{pmatrix}$$
$$= (i_k\ i_{k-1}\ \cdots\ i_2\ i_1)$$

となる．すなわち

$$(i_1\ i_2\ \cdots\ i_k)^{-1} = (i_k\ i_{k-1}\ \cdots\ i_2\ i_1).$$

順番を逆にするだけだから簡単だ．

● 互換

沙織　「k 次の巡回置換」を定義して，
$$1 \leqq k \leqq n$$
でしたから，「1 次の巡回置換」というのもあるわけですね？

和尚　1 次の巡回置換，すなわち
$$(\,i_1\,)$$
の形の置換は，恒等置換を表すものと約束しておく．恒等置換を表すのに $(\,1\,)$ という記号を用いることも多い．すなわち，
$$(\,1\,) = E.$$
2 次の巡回置換を**互換**という．

もえ　てことは，たとえば
$$(\,2\ 5\,)$$
みたいなヤツですね．

和尚　そう．互換は
$$(\,i\ j\,)$$
という形の置換 $(i \neq j)$ だが，これは i を j に移し，j を i に移し，それ以外の番号を動かさない，という置換だから，「i と j を入れ替えよ」という置換になる．

沙織　なるほど．

和尚　ところで，
$$(\,i\ j\,) = (\,j\ i\,)$$
だから，互換の逆置換は
$$(\,i\ j\,)^{-1} = (\,j\ i\,) = (\,i\ j\,)$$
となって，もとの互換と同じものになる．

● 巡回置換の積

和尚 与えられた置換を巡回置換の積で表すことを考えよう．

●**例題 5** 巡回置換の積で表せ．

(1) $\begin{pmatrix} 1 & 2 & 3 & 4 & 5 & 6 \\ 4 & 1 & 3 & 2 & 6 & 5 \end{pmatrix}$ (2) $\begin{pmatrix} 1 & 2 & 3 & 4 & 5 & 6 & 7 & 8 \\ 7 & 2 & 8 & 6 & 3 & 1 & 4 & 5 \end{pmatrix}$

和尚 いきなり例題だが，わかるかな？
もえ 例題なんか，きれーだい！ さっぱりわからん．
沙織 ヒントは無しですか？
和尚 ヒントは出しにくいなあ．ワシが (1) をやってみよう．まず番号 1 から出発して，この置換でつぎつぎに移していくと，

$$1 \longrightarrow 4 \longrightarrow 2 \longrightarrow 1$$

となって 1 に戻る．つぎに 1，4，2 以外の番号，たとえば 3 を取ると，

$$3 \longrightarrow 3$$

となるだろ．さらに 1，4，2，3 以外の番号，たとえば 5 を取ると，

$$5 \longrightarrow 6 \longrightarrow 5$$

となっている．したがって

$$\begin{pmatrix} 1 & 2 & 3 & 4 & 5 & 6 \\ 4 & 1 & 3 & 2 & 6 & 5 \end{pmatrix} = (1\ 4\ 2)(3)(5\ 6)$$

というわけだ．

もえ わかった！ 一発でわかりました．(2) はあたしがやってみます．えーと，

$$\begin{pmatrix} 1 & 2 & 3 & 4 & 5 & 6 & 7 & 8 \\ 7 & 2 & 8 & 6 & 3 & 1 & 4 & 5 \end{pmatrix}$$

という置換でつぎつぎに移していくと，

$$1 \longrightarrow 7 \longrightarrow 4 \longrightarrow 6 \longrightarrow 1,$$
$$2 \longrightarrow 2,$$
$$3 \longrightarrow 8 \longrightarrow 5 \longrightarrow 3$$

となるので，

$$\begin{pmatrix} 1 & 2 & 3 & 4 & 5 & 6 & 7 & 8 \\ 7 & 2 & 8 & 6 & 3 & 1 & 4 & 5 \end{pmatrix} = (1\ 7\ 4\ 6)(2)(3\ 8\ 5)$$

というわけです！

和尚 正解だ．

もえ やったー！ 気分いいなあ．

和尚 1次の巡回置換は恒等置換なので，

$$(3),\ (2)$$

などは省略して書くことが多い．したがって，

$$\begin{pmatrix} 1 & 2 & 3 & 4 & 5 & 6 \\ 4 & 1 & 3 & 2 & 6 & 5 \end{pmatrix} = (1\ 4\ 2)(5\ 6)$$

$$\begin{pmatrix} 1 & 2 & 3 & 4 & 5 & 6 & 7 & 8 \\ 7 & 2 & 8 & 6 & 3 & 1 & 4 & 5 \end{pmatrix} = (1\ 7\ 4\ 6)(3\ 8\ 5)$$

となる．

●例題 5 の答　(1) $(1\ 4\ 2)(5\ 6)$　(2) $(1\ 7\ 4\ 6)(3\ 8\ 5)$

和尚 今の例題だが，「巡回置換の積で表す」というだけでは答が 1 通りに決まらない．上の答と自分の答がちがっていてもただちにマチガイというわけではないので念のため．

沙織 今の例題の解法は一般の置換にも通用しそうですね．

和尚 その通り．あらためてまとめておこう．

　　$\{1,\ 2,\ \cdots,\ n\}$ 上の置換は，いくつかの巡回置換の積で表すことが

できる.

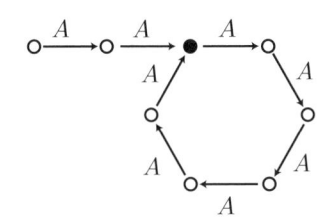

沙織 置換 A を巡回置換の積に分解するとき,ある番号から出発してつぎつぎに A で移していきますよね.そのときに最初の番号でなくて途中の番号に戻ってしまうことはないんですか？

和尚 ない.たとえば上の図のようになったとすると,黒丸の番号には2つの異なる番号から（A で）移ってしまう.もともと A は置換だから,そんなことはありえないのだ.同じ理由で,すでに巡回置換がいくつかできているとき,残りの番号の1つから出発してつぎつぎに A で移していくわけだが,すでにできている巡回置換のどれかに入りこんでしまうこともない.

沙織 なるほど.

和尚 そうやって残りの番号がなくなるまで巡回置換を作っていって,それらの巡回置換の積が A に等しくなる.なぜなら,すべての番号の移る先が両者で一致するからだ.

沙織 番号 i の行く先は置換 A では i^A だけど,巡回置換の中で i をふくむものはただ1つだけで,そこでは i は i^A に移り,その他の巡回置換では i も i^A も動かないので,結局巡回置換の積によって i は i^A に移る,ということですね.

和尚 その通りだ.

● 互換の積

和尚 　互換というのは何のことだか，おぼえてるか？
もえ 　ゴカンですか？　ゴカンベンを！　忘れました．
和尚 　さっき説明したのに，もう忘れたのか？
もえ 　数学用語の意味はすぐに忘れます．あっという間です．
和尚 　互換というのは2次の巡回置換のことだ．
もえ 　思い出した！

$$(i\ j)$$

という形の置換ですね．

和尚 　巡回置換はいくつかの互換の積で表すことができる．実際，つぎの「公式」が成り立つ．

$$(i_1\ i_2\ \cdots\ i_k) = (i_1\ i_2)(i_1\ i_3)\cdots(i_1\ i_k).$$

和尚 　ただし $i_1, i_2, \cdots, i_k$ は相異なる番号とする．
もえ 　うわあ，なんだか目が回ってきた！
和尚 　具体的な例で説明しよう．たとえば

$$(5\ 9\ 6\ 3)$$

という4次の巡回置換は

$$(5\ 9\ 6\ 3) = (5\ 9)(5\ 6)(5\ 3)$$

と，3つの互換の積で表される．

もえ 　ホントですか？
沙織 　直観的に明らか，ではないですよね．
和尚 　5, 9, 6, 3 以外の番号は動かない．
もえ 　てことは，5, 9, 6, 3 の行く先が一致することを言えばいいのか．
和尚 　その通りだ．
もえ 　えーとえーと，

$$(5\ 9)(5\ 6)(5\ 3)$$

という置換では，

$$5 \longrightarrow 9 \longrightarrow 9 \longrightarrow 9,$$
$$9 \longrightarrow 5 \longrightarrow 6 \longrightarrow 6,$$
$$6 \longrightarrow 6 \longrightarrow 5 \longrightarrow 3,$$
$$3 \longrightarrow 3 \longrightarrow 3 \longrightarrow 5$$

となるから，5 は 9 に，9 は 6 に，6 は 3 に，3 は 5 に移るんですよ．

沙織 なるほど．

もえ だから

$$(5\ 9)(5\ 6)(5\ 3) = (5\ 9\ 6\ 3)$$

となるわけだ！

和尚 その通り．同じ論法でさっきの「公式」を示すことができる．「公式」の右辺は $(k-1)$ 個の互換の積だから，つぎのことが成り立つ．

k 次の巡回置換は，$(k-1)$ 個の互換の積で表すことができる．

和尚 「0 個の互換の積」は恒等置換を表すものと約束しておくと，上のことは $k=1$ でも成り立つ．

● 偶置換と奇置換

和尚 $\{1, 2, \cdots, n\}$ 上の置換はいくつかの巡回置換の積に分解できて，それぞれの巡回置換が互換の積で表せるので，結局 $\{1, 2, \cdots, n\}$ 上の置換はいくつかの互換の積で表される．

偶数個の互換の積で表される置換を**偶置換**といい，奇数個の互換の積で表される置換を**奇置換**という．

$\{1, 2, \cdots, n\}$ 上のすべての置換は偶置換か奇置換かのどちらかになる．

1 つの置換が同時に偶置換と奇置換の両方になってしまうことはない（このことについては「付録」を参照）．恒等置換は偶置換になる．

●例題 6　偶置換か奇置換かを判定せよ．

(1) $\begin{pmatrix} 1 & 2 & 3 & 4 \\ 2 & 3 & 4 & 1 \end{pmatrix}$　　(2) $\begin{pmatrix} 1 & 2 & 3 & 4 & 5 \\ 5 & 3 & 2 & 1 & 4 \end{pmatrix}$

和尚　どうかな？
もえ　できそうだからやってみまーす．まず (1) の
$$\begin{pmatrix} 1 & 2 & 3 & 4 \\ 2 & 3 & 4 & 1 \end{pmatrix}$$
を巡回置換の積に分解すると，
$$1 \longrightarrow 2 \longrightarrow 3 \longrightarrow 4 \longrightarrow 1$$
で，あれれ，
$$\begin{pmatrix} 1 & 2 & 3 & 4 \\ 2 & 3 & 4 & 1 \end{pmatrix} = (1\ 2\ 3\ 4)$$
となるから，もともと巡回置換なんですね．そーすると，さっきの「互換の積に分解する公式」を使うと，
$$\begin{pmatrix} 1 & 2 & 3 & 4 \\ 2 & 3 & 4 & 1 \end{pmatrix} = (1\ 2\ 3\ 4)$$
$$= (1\ 2)(1\ 3)(1\ 4)$$
となるでしょ．3 個の互換の積になって，3 は奇数だから，奇置換です．
沙織　なるほど．
もえ　つぎに (2) の
$$\begin{pmatrix} 1 & 2 & 3 & 4 & 5 \\ 5 & 3 & 2 & 1 & 4 \end{pmatrix}$$
ですけど，
$$1 \longrightarrow 5 \longrightarrow 4 \longrightarrow 1$$

42

で巡回置換

$$(1\ 5\ 4)$$

ができて，残りは

$$2 \longrightarrow 3 \longrightarrow 2$$

だから，まず

$$\begin{pmatrix} 1 & 2 & 3 & 4 & 5 \\ 5 & 3 & 2 & 1 & 4 \end{pmatrix} = (1\ 5\ 4)(2\ 3)$$

となります．

沙織　ふんふん．それで？

もえ　ここで

$$(1\ 5\ 4) = (1\ 5)(1\ 4)$$

なので，

$$\begin{pmatrix} 1 & 2 & 3 & 4 & 5 \\ 5 & 3 & 2 & 1 & 4 \end{pmatrix} = (1\ 5)(1\ 4)(2\ 3)$$

となって，3個の互換の積だからこれも奇置換です．

和尚　正解だ．

沙織　おみごと！

●例題6の答　（1）奇置換　　（2）奇置換

和尚　今日はここまで．数学アレルギーは出なかったか？

もえ　まだだいじょうぶです．

和尚　宿題を出しておこう．明日までにやっておきなさい．

もえ　ありがとうございました．失礼します．

沙織　失礼しまーす．

和尚　気をつけてお帰り．

●宿題 2

① 巡回置換の積で表せ．

(1) $\begin{pmatrix} 1 & 2 & 3 & 4 & 5 & 6 & 7 \\ 6 & 5 & 2 & 7 & 4 & 1 & 3 \end{pmatrix}$ (2) $\begin{pmatrix} 1 & 2 & 3 & 4 & 5 & 6 & 7 & 8 & 9 \\ 9 & 8 & 7 & 1 & 4 & 3 & 6 & 2 & 5 \end{pmatrix}$

② 置換 A, B, K を，

$$A = \begin{pmatrix} 1 & 2 & 3 & 4 & 5 & 6 & 7 & 8 \\ 3 & 5 & 7 & 2 & 4 & 8 & 1 & 6 \end{pmatrix}, \quad B = \begin{pmatrix} 1 & 2 & 3 & 4 & 5 & 6 & 7 & 8 \\ 2 & 3 & 1 & 7 & 6 & 5 & 8 & 4 \end{pmatrix}$$

$$K = \begin{pmatrix} 1 & 2 & 3 & 4 & 5 & 6 & 7 & 8 \\ 4 & 7 & 3 & 6 & 1 & 8 & 2 & 5 \end{pmatrix}$$

で定義する．つぎの置換は偶置換か，それとも奇置換か？

(1) A (2) AB (3) AKB

● 3日目

群とは何か(1)

●宿題2の答　① (1) (1 6)(2 5 4 7 3)
(2) (1 9 5 4)(2 8)(3 7 6)　② (1) 奇置換　(2) 偶置換　(3) 奇置換

和尚　宿題の②を解説しておこう．A, B, K をそれぞれ巡回置換の積で表すと，

$$A = (1\ 3\ 7)(2\ 5\ 4)(6\ 8),$$
$$B = (1\ 2\ 3)(4\ 7\ 8)(5\ 6),$$
$$K = (1\ 4\ 6\ 8\ 5)(2\ 7)$$

となるから，さらに互換の積の形にすると，

$$A = (1\ 3)(1\ 7)(2\ 5)(2\ 4)(6\ 8),$$
$$B = (1\ 2)(1\ 3)(4\ 7)(4\ 8)(5\ 6),$$
$$K = (1\ 4)(1\ 6)(1\ 8)(1\ 5)(2\ 7)$$

となる．したがって，A は 5 個の互換の積だから奇置換，AB は 10 個の互換の積だから偶置換，AKB は 15 個の互換の積だから奇置換となるわけだ．

沙織　なるほど．直接計算すると
$$AKB = \begin{pmatrix} 4 \ 8 \end{pmatrix}$$
となるんですけど，これって何か意味があるんですか？

和尚　べつに．

もえ　べつに，ですか？

沙織　和尚さまってオチャメ！

和尚　さあて．今日もアタマをやわらかくする準備体操から始めよう．

もえ　またですか？

和尚　2 月 23 日は何の日だか知ってるか？

もえ　2 月 23 日？　何だろう．

沙織　思いつきません．

和尚　2 月 23 日は富士山の日だ．

もえ　富士山の日ですか？

和尚　数字の 2, 2, 3 は「富士山」とも「富士見」とも読める．冬は富士見の季節．静岡県では毎年 2 月 23 日を「富士山の日」と定めているそうだ．

沙織　静岡県は「ふじのくに」ですからね．サークルの友だちに静岡の子がいますけど，万葉から現代までの富士山を詠んだ短歌を集めた「富士山百人一首」というのもあるそうですよ．

和尚　語呂合わせというか，数字のしゃれで〇〇の日というのは他にもたくさんある．たとえば 8 月 31 日は「野菜の日」だ．しかしワシがいちばんビックリしたのは 2 月 14 日だ．2 月 14 日は語呂合わせで何の日だか知ってるか？

もえ　2 月 14 日って，バレンタインデーじゃないですか．

沙織　バレンタインデーじゃ語呂合わせにならないよ．
もえ　そうか．
和尚　これはよっぽどアタマをやわらかくしないとまず気が付かないぞ．
もえ　アタマをやわらかく，ですか？　何だろう．2, 1, 4 でしょ．えー，わかんなーい！
沙織　降参です．
和尚　1 でも一でも棒になってるだろ？　だから 1 をボと読んで，2月14日は「にぼしの日」だ．
もえ　にぼしの日？
和尚　スーパーで売ってるにぼしの袋に，「2月14日はにぼしの日」と印刷したのを見せてもらったことがある．
もえ　へぇー，バレンタインデーと張り合うなんてスゴイなあ．でもこれって使えるかも．来年の2月14日，「にぼし」をきれいにラッピングしてサークルの男の子に渡してみよう！
沙織　バレンタインのチョコレートだと思わせるわけ？
もえ　そう．開けると「にぼし」が出てくるでしょ．「なんだこれは！」と言ったら，今日は「にぼしの日」だと説明してやるのよ．
沙織　おもしろーい！　どんな顔になるのか楽しみだね．
和尚　こらこら，よほど相手を選ばないと，冗談ですまなくなるぞ．
もえ　だいじょうぶ！　今からじっくり研究します．
沙織　2月14日はにぼしの日．アタマをやわらかくしないと思い付かないですね．

● 集合

和尚　群とは何かを説明する前に，集合について触れておこう．
もえ　あたし「集合」って大っキライ！
和尚　そうだろうと思った．想定の範囲内だな．
沙織　あたしも集合は苦手です．なんだか奇妙キテレツな記号やコトバが出てきてわけわかんないって感じです．

和尚　数学の専門家は日常的に「集合」を扱っているから，ついつい「一般の人も簡単に理解できる」とかんちがいしてしまう．実際はそうはいかない．まず時間が必要だ．あわてずさわがず，少しずつ慣れていくことが大切だ．

沙織　最初はチンプンカンプンでも，慣れてくれば分かるようになるってことですか？

和尚　その通り．集合に関することは「数学のコトバ」みたいなものだから，新しい外国語を学ぶときを考えたらいい．最初は何もわからなくてアタリマエだ．あせっちゃいかん．

沙織　なるほど．

和尚　近代数学がヨーロッパから日本に入ってきたとき，数学用語を日本語に直す必要があった．「集合」もその中の1つだが，もしかすると「集団」と訳した方が分かりやすかったかもしれないな．

もえ　集団ですか？

和尚　そう．集合と言うとどうしても「全員集合」みたいに，いろんな所から集まってくるというイメージを持ってしまうのじゃないかな．

もえ　なるほど．

和尚　集合というコトバが分かりにくかったら「集団」と言いかえてみるといいかもしれない．

沙織　そもそも集合とはモノの集まりのことですよね．

和尚　そう．モノの集まりを**集合**という．集合を構成するモノの1つ1つを，その集合の**元**（げん）という．

もえ　中国の通貨ですね．

和尚　ちゃうわい！　元のことは**要素**ともいう．集合の元であることを，**属する**，または**ふくまれる**，という．

もえ　いっぱい出てきたなあ．とても覚えられません．

和尚　そのうち慣れるから心配はいらん．

もえ　そうかなあ．

和尚　集合の元を表すのにカッコ { } を用いる．たとえば，
$$X = \{1, 2, 3\}$$
と書いたら，集合 X の元は 1, 2, 3 である，という意味だ．

もえ　これくらいは何とか分かりますけど．

和尚　1 は X に属するが，0 は X に属さない．

もえ　それも分かります．

和尚　集合をクラスやサークルみたいなイメージでとらえると，元というのは「構成メンバー」だし，属するというのは「メンバーとして所属する」ということだ．

沙織　なるほど．

和尚　一般に，a というモノが集合 A に属することを，
$$a \in A$$
という記号で表す．

もえ　出た！　フォークみたいな記号でしょ！　だいっきらいです．

沙織　右に同じです．わけわかんない！

和尚　さっきの
$$X = \{1, 2, 3\}$$
の場合だと，
$$1 \in X, \quad 2 \in X, \quad 3 \in X$$
となる．属さないことは
$$\notin$$
で表す．たとえば，
$$0 \notin X, \quad 4 \notin X$$
というわけだ．

もえ　なんだかユーウツになってきた．

和尚　心配するな．そのうち慣れる．

● 置換の集合

和尚　ところで，もえに質問がある．

もえ　ドキ！　何でございましょう？

和尚　$\{1, 2, 3\}$ 上の置換は全部で何個あるかな？

もえ　いきなりきましたね．えーと $\{1, 2, 3\}$ 上の置換てゆーのは，何だっけな．あ，そうか，

$$\begin{pmatrix} 1 & 2 & 3 \\ & & \end{pmatrix}$$

てゆー形の置換だから，下の段に 1, 2, 3 を並べて，

$$\begin{pmatrix} 1 & 2 & 3 \\ 1 & 2 & 3 \end{pmatrix}, \begin{pmatrix} 1 & 2 & 3 \\ 1 & 3 & 2 \end{pmatrix}, \begin{pmatrix} 1 & 2 & 3 \\ 2 & 1 & 3 \end{pmatrix},$$

$$\begin{pmatrix} 1 & 2 & 3 \\ 2 & 3 & 1 \end{pmatrix}, \begin{pmatrix} 1 & 2 & 3 \\ 3 & 1 & 2 \end{pmatrix}, \begin{pmatrix} 1 & 2 & 3 \\ 3 & 2 & 1 \end{pmatrix}$$

の 6 個です．

和尚　その通り．これら 6 個の置換を元とする集合を S_3 で表す．すなわち，

$$S_3 = \{1, 2, 3\} \text{ 上の置換全体のつくる集合}$$
$$= \left\{ \begin{pmatrix} 1 & 2 & 3 \\ 1 & 2 & 3 \end{pmatrix}, \begin{pmatrix} 1 & 2 & 3 \\ 1 & 3 & 2 \end{pmatrix}, \begin{pmatrix} 1 & 2 & 3 \\ 2 & 1 & 3 \end{pmatrix}, \right.$$
$$\left. \begin{pmatrix} 1 & 2 & 3 \\ 2 & 3 & 1 \end{pmatrix}, \begin{pmatrix} 1 & 2 & 3 \\ 3 & 1 & 2 \end{pmatrix}, \begin{pmatrix} 1 & 2 & 3 \\ 3 & 2 & 1 \end{pmatrix} \right\}.$$

もえ　置換の集合かあ．チカンが集まってるみたいでキモいですね．

和尚　$\{1, 2, 3, 4\}$ 上の置換は全部で 24 個ある．これらのつくる集合を S_4 で表す．すなわち，

$$S_4 = \{1, 2, 3, 4\} \text{ 上の置換全体のつくる集合}.$$

同様に，$\{1, 2, \cdots, n\}$ 上の置換全体がつくる集合を S_n で表す．すなわち，

$$S_n = \{1, 2, \cdots, n\} \text{ 上の置換全体のつくる集合}.$$

● 積が定義された集合

和尚 　S_3 の話にもどる．S_3 は単に集合であるというだけでなく，そこには積という演算が定義されている．

もえ 　えんざん？　化学の実験で使うくさいやつですか？

和尚 　それは塩酸だ！　演算というのは，たとえばたし算とかけ算とか．

もえ 　あーなるほど．

和尚 　S_3 の元 A, B に対して，置換としての積 AB も S_3 の元になる．すなわち

　　(∗) 　$A \in S_3$ かつ $B \in S_3$ ならば $AB \in S_3$

が成り立っている．

もえ 　「かつ」というのは…

和尚 　とんかつじゃないぞ．

もえ 　先に言われてしまった！

和尚 　「かつ」というのは英語の and のことだ．「ならば」を表す記号は

$$\Longrightarrow$$

なので，(∗) を書きかえると，

$$A, B \in S_3 \Longrightarrow AB \in S_3$$

となって，こっちの方がすっきりしてて分かりやすいだろ？

もえ 　そうかなあ．

沙織 　$\{1, 2, 3\}$ 上の置換 A と B の積 AB はやはり $\{1, 2, 3\}$ 上の置換だ，ということですね．

和尚 　そう．だから集合 S_3 には積が定義されている．さらにつぎの条件 (1), (2), (3) が満たされている（A, B, C は S_3 の任意の元）．

（1）結合法則．

$$(AB)C = A(BC).$$

（2）恒等置換の存在．E を S_3 の恒等置換とすると，

$$AE = A, \quad EA = A.$$

（3）逆置換の存在．A の逆置換 A^{-1} は S_3 の元で，
$$AA^{-1} = E, \quad A^{-1}A = E.$$

沙織 きのう勉強しました．

もえ なんとなくおぼえてます．

● 群の定義

和尚 「積が定義された集合 S_3」がアタマの中に残っているうちに，「群の定義」を述べることにしよう．

> **群の定義** 集合 G に積が定義され，つぎの条件 (1), (2), (3) がすべて満たされているとき，G は**群**であるという．
>
> （1）**結合法則** G の元 a, b, c に対してつねに
> $$(ab)c = a(bc).$$
>
> （2）**単位元の存在** G には特別な元 e（**単位元**という）が存在し，G のすべての元 a に対して
> $$ae = a, \quad ea = a$$
> が成り立つ．
>
> （3）**逆元の存在** a を G の任意の元とするとき，
> $$ax = e, \quad xa = e$$
> を満たす G の元 x が存在する．x を a の**逆元**といい，a^{-1} で表す．

もえ これって，丸暗記しなくちゃいけないんですか？

和尚 群論を学ぶ以上，群の定義ははっきり分かっていなくちゃ困る．ただこの文章を丸暗記してもすぐ忘れてしまうだろう？

もえ いやあ，江戸城を築いた人です．

和尚 なに？

もえ ドウカンです．

和尚　どっかで聞いたことがあるギャグだな．群の定義をつぎのように書き直してみよう．

> 群とは，積が定義された集合で，(1) 結合法則，(2) 単位元の存在，(3) 逆元の存在の 3 条件を満たすもののことを言う．

和尚　これなら記憶できて忘れないだろう？
もえ　いやあすばらしい！　宇宙人のコトバじゃなくて「人間のコトバ」で書かれていますね！
和尚　あとは「結合法則」，「単位元の存在」，「逆元の存在」がそれぞれどういう条件なのかをしっかり記憶して忘れなければいいのだ．
沙織　なるほど．
和尚　そこでもえに質問．「結合法則」ってなんだ？
もえ　結合法則は，
$$(ab)c = a(bc)$$
だったような気がします．
和尚　まあいいだろう．「単位元の存在」ってのはどういう条件だ？
もえ　単位元が存在するってことです．
和尚　単位元てなんだ？
もえ　えーと，なんだっけ，沙織？
沙織　すべての元 a が
$$ae = a, \quad ea = a$$
となる e のことです．
和尚　文章がすこしヘンだが，まあいいだろう．じゃあ沙織に質問．「逆元の存在」ってのはどういう条件？
沙織　すべての元が逆元を持つという条件です．
和尚　その通り．逆元とは何？

沙織　a の逆元とは，
$$ax = e, \qquad xa = e$$
を満たす元 x のことです．

和尚　その通りだ．群の定義はこのように分解して考えると分かりやすい．また記憶もしやすい．

もえ　なるほど．

●例題1　群の単位元は1つだけである（単位元の**一意性**という）．このことを証明せよ．

もえ　いきなり証明問題ですか？　さっぱり分かりませーん．

沙織　何を言ったら証明したことになるのかが分からないんです．

和尚　まあそうだろうな．ワシが昔，大学の教官をやっていたころ，入学試験で数学の採点をやらされていたが，証明問題の採点では苦労したぞ．数学の証明だから正しいか正しくないかどっちかで，部分点なんてのはありえないはず．だが入試ではそうも行かず，無理に採点基準を作ってそれに当てはめて行くと，必ず想定外の答案が出てくる．予備校で教えるのだろうが，「よって題意は示された」というのが多いこと多いこと．採点風景を思い出すと今でもぞっとするよ．

沙織　例題ですけど，背理法を使うんですか？

和尚　背理法って何のことだか，もえは知ってるかな？

もえ　いやあ，聞いたことはありますけど，背中にオキュウでもすえるんでしょうか？

和尚　群に単位元が（少なくとも1つ）存在することは群の定義から分かる．背理法を使うのなら「e_1, e_2 ($e_1 \neq e_2$) はともに群 G の単位元である」と仮定して矛盾をみちびけばよい．あるいは（同じことだ

が)，つぎのことを示せばよい．

   (∗)　e_1, e_2 がともに群 G の単位元であるならば，$e_1 = e_2$．

沙織　この (∗) は言えそうです．まず e_1 が単位元なので

$$ae_1 = a, \quad e_1 a = a$$

がつねに成り立ちます．とくに $a = e_2$ とすると

$$e_2 e_1 = e_2, \quad e_1 e_2 = e_2. \qquad \cdots (1)$$

つぎに e_2 も単位元なので

$$ae_2 = a, \quad e_2 a = a$$

がつねに成り立ちます．とくに $a = e_1$ とすると

$$e_1 e_2 = e_1, \quad e_2 e_1 = e_1. \qquad \cdots (2)$$

(1) と (2) をくらべて，

$$e_1 = e_1 e_2 = e_2.$$

したがって (∗) が言えました．

もえ　すごーい，やるじゃない！

和尚　正解だ．

●例題 1 の答　e_1 と e_2 がともに群 G の単位元ならば，$e_1 = e_1 e_2 = e_2$ より $e_1 = e_2$．したがって G の単位元はただ 1 つである．　□

和尚　もう 1 つ例題をやっておこう．

●例題 2　a を群 G の任意の元とする．このとき a の逆元は a に対してただ 1 つに定まる（逆元の**一意性**）．このことを証明せよ．

もえ　うわあ，だんだんややこしくなってきた．問題の意味がよく分かりません．

和尚　a が逆元をもつことは群の定義からわかる．それがただ 1 つだけであることを示せばよい．

沙織　ウーン．分かったような分からないような．

和尚　つぎのことを言えばよいのだ．

　　　$(*)$　x_1, x_2 がともに a の逆元であるならば，$x_1 = x_2$．

もえ　だって a の逆元を a^{-1} で表すわけでしょう．てことは，
$$x_1 = a^{-1}, \quad x_2 = a^{-1}$$
だから
$$x_1 = a^{-1} = x_2$$
より
$$x_1 = x_2$$
じゃないですか．

和尚　群の定義のところで a の逆元を a^{-1} で表すと言ったが，それは「逆元の一意性」が言えた後の話だ．もし 2 つ出てきたら，その両方を a^{-1} で表したらヘンだろう？

もえ　そうかあ．難しいな．

沙織　$(*)$ですけど，x_1, x_2 がともに a の逆元ならば，
$$ax_1 = e, \quad x_1 a = e,$$
$$ax_2 = e, \quad x_2 a = e$$
がすべて成り立ちますよね．
$$ax_1 = e$$
の左から x_2 をかけると，
$$x_2(ax_1) = x_2 e = x_2.$$
結合法則から，

$$x_2(ax_1) = (x_2a)x_1 = ex_1 = x_1$$

でしょ．この2つをつなげて

$$x_1 = x_2$$

が出てきます．

和尚　正解だ．

もえ　すごーい！

和尚　逆元の一意性が成り立つので，a の逆元を a^{-1} と書いてもいいわけだ．

もえ　なるほど．

●例題2の答　x_1, x_2 がともに a の逆元であるならば，

$$x_1 = ex_1 = (x_2a)x_1 = x_2(ax_1) = x_2e = x_2.$$

したがって $x_1 = x_2$. □

和尚　「積が定義された集合 S_3」はまだアタマの中に残っているかな？

もえ　えーと，S_3 ってなんだっけ？

沙織　{1, 2, 3} 上の置換全体のつくる集合．

もえ　思い出した．S_3 には積という演算が定義されています．

和尚　その S_3 は群になる．なぜだか分かるか？

もえ　群ていうのは，積が定義された集合で3つの条件を満たすものでしょ．

沙織　3つの条件とは，(1) 結合法則，(2) 単位元の存在，(3) 逆元の存在．

もえ　まず結合法則は，置換の積の結合法則

$$(AB)C = A(BC)$$

が成り立つから OK です．

沙織　単位元の存在は恒等置換の存在から，また逆元の存在は逆置換の存在から，やはり OK です．

もえ　3つの条件がすべて満たされているので，S_3 は群になります．
和尚　群としての S_3 を，**3次の対称群**という．

● 対称群 S_n

和尚　同じように，
$$S_n = \{1, 2, \cdots, n\} \text{ 上の置換全体のつくる集合}$$
を考えてみよう．n は正の整数で，しばらく固定しておく．

沙織　S_n にも置換の積という演算が入ってますね．

和尚　その通り．
$$A, B \in S_n \implies AB \in S_n$$
が成り立っている．

もえ　また $\in$ が出てきた．やだなあ．

和尚　そのうち慣れる．S_n は「積が定義された集合」になっている．

沙織　あとは「結合法則」，「単位元の存在」，「逆元の存在」が言えるかどうか．

和尚　そう．結合法則は，置換の積の結合法則
$$(AB)C = A(BC)$$
が言えてるから OK．

沙織　恒等置換
$$E = \begin{pmatrix} 1 & 2 & \cdots & n \\ 1 & 2 & \cdots & n \end{pmatrix}$$
が S_n の元なので単位元の存在も OK．

和尚　その通り．$A\ (\in S_n)$ の逆置換 A^{-1} が S_n の元なので逆元の存在も OK．

沙織　したがって S_n は群になります．

和尚　群としての S_n を **n 次の対称群**という．

もえ　タイショウグンですか．源頼朝や徳川家康ですね．

和尚　征夷タイショウグンか？　あんまりおもしろくないぞ．

58

もえ　ヒエー，つめたいお言葉！

和尚　今日はここまで．宿題を出しておく．

もえ　証明問題ですね．

和尚　そんなに難しくないから心配するな．

沙織　ありがとうございました．失礼します．

もえ　失礼しまーす．

和尚　気をつけてお帰り．

●宿題 3

（1） 群 G の元 a, b が $ab = e$（単位元）を満たすならば，b は a の逆元であることを証明せよ．

（2） 群 G の元 c, d に対して $(cd)^{-1} = d^{-1}c^{-1}$ が成り立つことを証明せよ．

● 4日目

群とは何か (2)

●宿題 3 の答　（1）$ab = e$ の左から a の逆元 a^{-1} をかけると，$a^{-1}(ab) = a^{-1}e = a^{-1}$. したがって，$a^{-1} = a^{-1}(ab) = (a^{-1}a)b = eb = b$.

（2）$(cd)(d^{-1}c^{-1}) = ((cd)d^{-1})c^{-1} = (c(dd^{-1}))c^{-1} = (ce)c^{-1} = cc^{-1} = e$. すなわち，$(cd)(d^{-1}c^{-1}) = e$. (1) の結果を用いて ($a = cd, b = d^{-1}c^{-1}$)，$d^{-1}c^{-1} = (cd)^{-1}$ となる. □

もえ　今回の宿題はカルチャーショックでした．見知らぬ世界に入りこんだみたいです．

和尚　数学アレルギーは？

もえ　まだだいじょぶです，たぶん．

沙織　証明問題だと答が1つじゃないので，なんだかスッキリしませんネ．

和尚　前にもちょっと話したが，大学の入試の採点で証明問題はアタマが痛かった．大学の数学の先生はやたら証明問題を出題したがる傾向

がある．証明問題の解答は何通りもあるのに，どうやって部分点を出すのだ？ 入試では証明問題を出題すべきでないという意見があるが，ワシも賛成だ．

沙織　予備校では証明問題の解答テクニックをいろいろ教えてるみたいですね．白紙だと 0 点だからとにかく何か書け，とか．

和尚　ハンで押したように「よって題意は示された」だからなあ．ところで，もえは眠そうな顔してるけど，だいじょうぶか？

もえ　だいじょぶです．もともと不眠症気味なんですけど，京都の夏はやたら暑くて昨夜はほとんど眠れませんでした．でもアタマははっきりしてます．

和尚　あんまり無理するなよ．眠れなくて困ったときは台湾バナナを食べるといい，という説があるらしいぞ．

もえ　台湾バナナ大好き！ バナナの王様ですね．

和尚　アタマがさえて眠れないとき，台湾バナナを食べるだろ．すると「ねむたいわん」と言って眠くなるそうだ．

もえ　そんなバナナ！

● 群の定義の復習

和尚　群の定義を復習しておこう．群とは何であるか，説明してごらん．

もえ　えーと，G が集合で，積という演算が定義されていて，結合法則，単位元の存在，逆元の存在の 3 条件を満たすとき，G は群であるといいます．

和尚　その通りだ．結合法則というのは？

もえ　結合法則とは，G の元 a, b, c に対して

$$(ab)c = a(bc)$$

がつねに成り立つことです．

和尚　単位元の存在とは？

もえ　G に単位元が存在することです．

和尚　単位元とは？

沙織　G の元 a に対して

$$ae = a, \quad ea = a$$

がつねに成り立つような，G の元 e のことです．

和尚　逆元の存在とは？

もえ　G のすべての元が逆元を持つ，ということです．

和尚　逆元とは？

沙織　G の元 a の逆元とは，

$$ax = e, \quad xa = e$$

を満たす G の元 x のことです．e は単位元です．

和尚　よーし，カンペキだ．単位元の一意性と逆元の一意性は例題で示した通りだ．

● **有限群と無限群**

和尚　元の個数が有限である群を**有限群**という．有限群でない群，すなわち，無数に多くの元を含む群を**無限群**という．

沙織　対称群 S_n は有限群ですね．

和尚　その通り．無限群の例としては，たとえば正の数（実数）全体のつくる集合を G とすると，G は通常のかけ算に関して群となる（単位元は1，a の逆元は $\dfrac{1}{a}$）．正の数は無数にあるから，G は無限群になる．

● **群の位数**

和尚　有限群 G に属する元の個数を G の位数といい，$|G|$ で表す．

もえ　3次の対称群 S_3 の場合だと，S_3 に属する元は

$$\begin{pmatrix} 1 & 2 & 3 \\ 1 & 2 & 3 \end{pmatrix}, \quad \begin{pmatrix} 1 & 2 & 3 \\ 1 & 3 & 2 \end{pmatrix}, \quad \begin{pmatrix} 1 & 2 & 3 \\ 2 & 1 & 3 \end{pmatrix},$$

$$\begin{pmatrix} 1\ 2\ 3 \\ 2\ 3\ 1 \end{pmatrix},\ \begin{pmatrix} 1\ 2\ 3 \\ 3\ 1\ 2 \end{pmatrix},\ \begin{pmatrix} 1\ 2\ 3 \\ 3\ 2\ 1 \end{pmatrix}$$

で合計 6 個だから，S_3 の位数は 6 で，

$$|S_3| = 6$$

となるわけですね．

和尚 その通り．では，n 次の対称群 S_n の位数がどうなるかを考えてみよう．

もえ n 次の対称群か・・・

和尚 征夷大将軍じゃないぞ．

もえ わかってます！ S_n に属する元の個数を数えればいいんです．

沙織 S_n っていうのは $\{1,\ 2,\ \cdots,\ n\}$ 上の置換全体がつくる集合だから，

$$\begin{pmatrix} 1\ 2\ \cdots\ n \\ \end{pmatrix}$$

という形の置換が全部で何個あるのか，その個数を数えればいいのよね．

もえ なるほど．$n = 3$ のときに置換の個数をどうやって数えたかというと，まず 1 の下の番号で分類して，さらにそれぞれを 2 の下の番号で分類してったわけでしょ．

$$\begin{pmatrix} 1\ 2\ 3 \\ 1 \end{pmatrix} \longrightarrow \begin{pmatrix} 1\ 2\ 3 \\ 1\ 2 \end{pmatrix}$$
$$\searrow \begin{pmatrix} 1\ 2\ 3 \\ 1\ 3 \end{pmatrix}$$
$$\begin{pmatrix} 1\ 2\ 3 \\ 2 \end{pmatrix} \longrightarrow \begin{pmatrix} 1\ 2\ 3 \\ 2\ 1 \end{pmatrix}$$
$$\searrow \begin{pmatrix} 1\ 2\ 3 \\ 2\ 3 \end{pmatrix}$$
$$\begin{pmatrix} 1\ 2\ 3 \\ 3 \end{pmatrix} \longrightarrow \begin{pmatrix} 1\ 2\ 3 \\ 3\ 1 \end{pmatrix}$$
$$\searrow \begin{pmatrix} 1\ 2\ 3 \\ 3\ 2 \end{pmatrix}$$

沙織　そうすると S_n の場合はまず 1 の下の番号で n 種類に分類されて，それぞれが 2 の下の番号で $(n-1)$ 種類に分類されて，さらにそれぞれが 3 の下の番号で $(n-2)$ 種類に分類されて，… となるから，全体の個数は

$$n \times (n-1) \times (n-2) \times \cdots \times 2 \times 1$$

となるわけですね．

和尚　その通り．下の段の番号はダブってはいけない（置換だから）ので，

$$n,\ n-1,\ n-2,\ \cdots$$

と 1 つずつ減っていくのだ．ここで

$$n \times (n-1) \times (n-2) \times \cdots \times 2 \times 1$$

を $n!$ と書いて，n の**階乗**という．

もえ　カイジョウねえ．

和尚　宴会場じゃないぞ．

もえ　先に言われてしまった！

和尚　たとえば，

$$1! = 1,\quad 2! = 2,\quad 3! = 6,\quad 4! = 24.$$

ちなみに，0 の階乗は 1 であると定義する：

$$0! = 1.$$

もえ　ビックリマークはインパクトあるなあ．

和尚　n 次の対称群 $\boldsymbol{S_n}$ の位数は $\boldsymbol{n!}$ であることが分かった．

沙織　位数を表す記号を使うと，

$$|S_n| = n!$$

ということですね．

もえ　だんだん数学らしくなってきた．

和尚　アレルギーは？

もえ　まだだいじょぶです．

● a^n

和尚 群では結合法則が成り立つから，3つの元 a_1, a_2, a_3 の積はカッコ（　）を付けずに

$$a_1 a_2 a_3$$

と表すことができる．

もえ イマイチよく意味が分かりません．

和尚 結合法則から

$$(a_1 a_2)a_3 = a_1(a_2 a_3)$$

が成り立つだろ？

もえ それは分かります．

和尚 結合法則を前提としないでただ

$$a_1 a_2 a_3$$

と書いてしまうと，これは $(a_1 a_2)a_3$ という意味なのか $a_1(a_2 a_3)$ という意味なのかはっきりしない．すなわち，元 $(a_1 a_2)$ と元 a_3 の積なのか，元 a_1 と元 $(a_2 a_3)$ の積なのかがはっきりしない．

もえ なるほど．

和尚 群においては積の結合法則が成り立っていて $(a_1 a_2)a_3$ と $a_1(a_2 a_3)$ が等しくなるから，カッコをはずして

$$a_1 a_2 a_3$$

と書いてしまおう，というわけだ．

もえ 分かりました．

和尚 4個以上の元の積も，同じように

$$a_1 a_2 a_3 a_4, \quad a_1 a_2 a_3 a_4 a_5, \quad \cdots$$

とカッコを付けないで表すことができる．

$a_1, a_2, \cdots$ がすべて同じ元のときは，数の場合と同じように

$$a = a^1, \quad aa = a^2, \quad aaa = a^3, \quad \cdots$$

と右肩に数字を付けて表す．

もえ　読み方は？

和尚　a の 1 乗, a の 2 乗, a の 3 乗, $\cdots$ と読む.

a の 0 乗は単位元を表す. すなわち,
$$a^0 = e.$$

沙織　0 乗をそのように定義するわけですね.

和尚　そう. a の (-1) 乗は a の逆元を表す. a^{-1} という記号は群の定義のところですでに登場している：
$$a^{-1} = a \text{ の逆元}.$$
さらに, a の (-2) 乗は a^{-1} の 2 乗を表すものとする. すなわち,
$$a^{-2} = (a^{-1})^2.$$
同様に,
$$a^{-3} = (a^{-1})^3, \quad a^{-4} = (a^{-1})^4, \quad \cdots$$
によって $a^{-3}, a^{-4}, \cdots$ を定義する. これで a^n がすべての整数 n に対して定義されたことになる.

もえ　ちょっとスピードが速すぎて…

和尚　a^n とは何か, もう一度まとめておこう.

$a^1 = a, a^2 = aa, a^3 = aaa, \cdots$ 　　$(n > 0)$

$a^0 = e$（単位元）　　$(n = 0)$

$a^{-1} = a$ の逆元, $a^{-2} = (a^{-1})^2, a^{-3} = (a^{-1})^3, \cdots$ 　$(n < 0)$

もえ　なるほど. $n < 0$ のときがちょっとクセモノだけど, そんな難しいことじゃなさそうですね.

和尚　数の場合と同じように, つぎの公式が成り立つ.
$$\boldsymbol{a^m a^n = a^{m+n}}, \quad \boldsymbol{(a^m)^n = a^{mn}}.$$
ここで a は群 G の元, m と n は整数（正とは限らない）を表す.

沙織　m や n はマイナスでもいいのですね.

和尚　その通り．公式の証明はここでは省略する（m, n がそれぞれ正か負か 0 かで場合を分け，どの場合でも公式が成り立つことを確かめればよい）．

● 元の位数

和尚　群 G の位数 $|G|$ というのは，さっき説明した通り，G の元が全部で何個あるか，その個数を表すものだった．今度は G に属するそれぞれの元の位数というものを定義する．

もえ　ややこしそうだなあ．

和尚　単位元 e の位数は 1 であるとする．もし G の元 a が
$$a \neq e, \quad a^2 = e$$
を満たすならば，a の位数は 2 であるとする．

もえ　ふんふん．

和尚　G の元 a が
$$a \neq e, \quad a^2 \neq e, \quad a^3 = e$$
を満たすときは，a の位数は 3 であるとする．

もえ　ははあ．何となく見えてきました．

和尚　G の元 a が
$$a \neq e, \quad a^2 \neq e, \quad a^3 \neq e, \quad a^4 = e$$
を満たすときは…

もえ　a の位数は 4 であるとするわけですね．

和尚　その通り．群 G の元 a が
$$a \neq e, \quad a^2 \neq e, \quad \cdots, \quad a^{k-1} \neq e, \quad a^k = e$$
を満たすとき，a の位数は k であると定義する．

もえ　これは分かりました，たぶん．

●**例題 1** 対称群 S_5 において，つぎの元の位数を求めよ．

(1) $\begin{pmatrix} 1 & 2 & 3 & 4 & 5 \\ 5 & 4 & 3 & 2 & 1 \end{pmatrix}$ 　　(2) $\begin{pmatrix} 1 & 2 & 3 & 4 & 5 \\ 4 & 3 & 5 & 1 & 2 \end{pmatrix}$

もえ 挑戦してみます．要するに 2 乗, 3 乗, … と計算して単位元 (ということは恒等置換 E) になるまでやればいいんですよ，きっと．

沙織 なるほど．

もえ まず (1) は

$$A = \begin{pmatrix} 1 & 2 & 3 & 4 & 5 \\ 5 & 4 & 3 & 2 & 1 \end{pmatrix}$$

とすると，

$$A^2 = \begin{pmatrix} 1 & 2 & 3 & 4 & 5 \\ 5 & 4 & 3 & 2 & 1 \end{pmatrix} \begin{pmatrix} 1 & 2 & 3 & 4 & 5 \\ 5 & 4 & 3 & 2 & 1 \end{pmatrix}$$
$$= \begin{pmatrix} 1 & 2 & 3 & 4 & 5 \\ 1 & 2 & 3 & 4 & 5 \end{pmatrix}$$
$$= E$$

となるので，位数は 2 です．

和尚 正解だ．

もえ つぎに (2) も同じように

$$A = \begin{pmatrix} 1 & 2 & 3 & 4 & 5 \\ 4 & 3 & 5 & 1 & 2 \end{pmatrix}$$

とすると，

$$A^2 = \begin{pmatrix} 1 & 2 & 3 & 4 & 5 \\ 4 & 3 & 5 & 1 & 2 \end{pmatrix} \begin{pmatrix} 1 & 2 & 3 & 4 & 5 \\ 4 & 3 & 5 & 1 & 2 \end{pmatrix}$$
$$= \begin{pmatrix} 1 & 2 & 3 & 4 & 5 \\ 1 & 5 & 2 & 4 & 3 \end{pmatrix},$$
$$A^3 = A^2 A$$

$$= \begin{pmatrix} 1 & 2 & 3 & 4 & 5 \\ 1 & 5 & 2 & 4 & 3 \end{pmatrix} \begin{pmatrix} 1 & 2 & 3 & 4 & 5 \\ 4 & 3 & 5 & 1 & 2 \end{pmatrix}$$

$$= \begin{pmatrix} 1 & 2 & 3 & 4 & 5 \\ 4 & 2 & 3 & 1 & 5 \end{pmatrix},$$

$$A^4 = A^3 A$$

$$= \begin{pmatrix} 1 & 2 & 3 & 4 & 5 \\ 4 & 2 & 3 & 1 & 5 \end{pmatrix} \begin{pmatrix} 1 & 2 & 3 & 4 & 5 \\ 4 & 3 & 5 & 1 & 2 \end{pmatrix}$$

$$= \begin{pmatrix} 1 & 2 & 3 & 4 & 5 \\ 1 & 3 & 5 & 4 & 2 \end{pmatrix},$$

$$A^5 = A^4 A$$

$$= \begin{pmatrix} 1 & 2 & 3 & 4 & 5 \\ 1 & 3 & 5 & 4 & 2 \end{pmatrix} \begin{pmatrix} 1 & 2 & 3 & 4 & 5 \\ 4 & 3 & 5 & 1 & 2 \end{pmatrix}$$

$$= \begin{pmatrix} 1 & 2 & 3 & 4 & 5 \\ 4 & 5 & 2 & 1 & 3 \end{pmatrix},$$

$$A^6 = A^5 A$$

$$= \begin{pmatrix} 1 & 2 & 3 & 4 & 5 \\ 4 & 5 & 2 & 1 & 3 \end{pmatrix} \begin{pmatrix} 1 & 2 & 3 & 4 & 5 \\ 4 & 3 & 5 & 1 & 2 \end{pmatrix}$$

$$= \begin{pmatrix} 1 & 2 & 3 & 4 & 5 \\ 1 & 2 & 3 & 4 & 5 \end{pmatrix}$$

$$= E$$

となるので，位数は 6 です．

和尚　正解だ．

もえ　うわあめんどくさ．もっといい方法は無いのかな？

和尚　あとで考えてごらん．計算の過程に何かヒントがあるかもしれないぞ．

●例題 1 の答　（1）2　（2）6

和尚　元の位数の定義のところで言い残したことがある．群 G の元 a を何乗しても単位元にならないとき，すなわち

$$a^1 \neq e, \quad a^2 \neq e, \quad a^3 \neq e, \quad \cdots$$

となるとき，a は**無限位数**であるという．

沙織 元 a の位数が無限大だということですね．

和尚 そう．このことに関連してつぎの例題をやってみよう．

●**例題 2** 有限群の元が無限位数になることはない．このことを証明せよ．

もえ 証明問題だ！ これは沙織にまかせよう．

沙織 有限群ていうのは，元の個数が有限個である群のことですよね．

和尚 そうだ．

沙織 G を有限群として，a を G の元とします．そのとき

$$a^1, \ a^2, \ a^3, \ \cdots$$

の中に単位元 e が出てくることを言えばいいんだけど．

もえ でもさ．G は有限群だから元の数は有限個しかないんでしょ．だから…

和尚 近づいてきたぞ．もう一押しだ．

沙織 分かった！ もし G の元

$$a^1, \ a^2, \ a^3, \ \cdots$$

の中にダブリが無かったら G の元が無数に出てきちゃうからオカシイ！ どこかでダブってるから，ある番号 n, m $(n < m)$ を取ると

$$a^n = a^m$$

となってるはずじゃない？

もえ ははあ，なるほど．

沙織　ここで
$$a^m = a^n \quad (m > n)$$
の両辺に a の逆元 a^{-1} を n 回右からかけると，左辺は a^{m-n} に，右辺は e になるので，
$$a^{m-n} = e.$$
ここで $m - n > 0$ だから，a は無限位数にはなりえない！

和尚　正解だ．

●**例題 2 の答**　有限群 G の元を a とすると，$a^1, a^2, a^3, \cdots$ がすべて異なることはありえないので，$a^m = a^n \ (m > n)$ となる番号 m, n が存在する．この式の右から a^{-1} を n 回かけると $a^{m-n} = e$. $m - n$ は正の整数だから，a は無限位数ではない．　□

●**巡回置換の位数**

和尚　対称群 S_n において，巡回置換の位数がどうなるかを考えよう．

もえ　巡回置換ていうのは，たとえば
$$(5\ 9\ 6\ 3)$$
みたいなヤツですね．

和尚　そうだ．

もえ　ヤマカンですけど，巡回置換はつぎつぎに番号を移してぐるっと 1 回りするわけでしょう？　だったら k 次の巡回置換の位数は k ですよ，きっと．

和尚　もえのヤマカン大当たりだ！

　　対称群 S_n において，k 次の巡回置換の位数は k である．

和尚　なぜかというと，k 次の巡回置換

$$\begin{pmatrix} i_1 & i_2 & \cdots & i_k \end{pmatrix} = \begin{pmatrix} i_1 & i_2 & \cdots & i_{k-1} & i_k \\ i_2 & i_3 & \cdots & i_k & i_1 \end{pmatrix}$$

の 2 乗，3 乗，$\cdots$ を作っていくと，

$$\begin{pmatrix} i_1 & i_2 & \cdots & i_k \end{pmatrix}^2 = \begin{pmatrix} i_1 & i_2 & \cdots & i_{k-1} & i_k \\ i_3 & i_4 & \cdots & i_1 & i_2 \end{pmatrix},$$

$$\begin{pmatrix} i_1 & i_2 & \cdots & i_k \end{pmatrix}^3 = \begin{pmatrix} i_1 & i_2 & \cdots & i_{k-1} & i_k \\ i_4 & i_5 & \cdots & i_2 & i_3 \end{pmatrix}$$

というふうに，下の段の番号が 1 つずつ左にずれていく．そして，

$$\begin{pmatrix} i_1 & i_2 & \cdots & i_k \end{pmatrix}^{k-1} = \begin{pmatrix} i_1 & i_2 & \cdots & i_{k-1} & i_k \\ i_k & i_1 & \cdots & i_{k-2} & i_{k-1} \end{pmatrix},$$

$$\begin{pmatrix} i_1 & i_2 & \cdots & i_k \end{pmatrix}^{k} = \begin{pmatrix} i_1 & i_2 & \cdots & i_{k-1} & i_k \\ i_1 & i_2 & \cdots & i_{k-1} & i_k \end{pmatrix}$$

となって恒等置換（単位元）が出てくる．したがって，k 次の巡回置換は k 乗してはじめて単位元になるから，位数は k なのだ．

沙織　なるほど．

和尚　今日はここまでにしておこう．

もえ　いやあ，かなりハードでした．

和尚　よく復習をしておくこと．宿題も忘れるなよ．

沙織　ありがとうございました．失礼します．

もえ　失礼しまーす．

和尚　気をつけてお帰り．

●宿題 4

対称群 S_7 において，つぎの元の位数を求めよ．

(1) $\begin{pmatrix} 1 & 2 & 3 & 4 & 5 & 6 & 7 \\ 6 & 7 & 4 & 1 & 2 & 5 & 3 \end{pmatrix}$　　(2) $\begin{pmatrix} 1 & 2 & 3 & 4 & 5 & 6 & 7 \\ 4 & 6 & 2 & 7 & 3 & 5 & 1 \end{pmatrix}$

● 5日目

群とは何か (3)

●宿題 4 の答　（1）7　（2）12

もえ　宿題の (1) は
$$\begin{pmatrix} 1 & 2 & 3 & 4 & 5 & 6 & 7 \\ 6 & 7 & 4 & 1 & 2 & 5 & 3 \end{pmatrix} = (1\ 6\ 5\ 2\ 7\ 3\ 4)$$
となって 7 次の巡回置換だから，位数は 7 とすぐ分かりました．

和尚　なるほど．

もえ　問題は (2) なんですけど，
$$\begin{pmatrix} 1 & 2 & 3 & 4 & 5 & 6 & 7 \\ 4 & 6 & 2 & 7 & 3 & 5 & 1 \end{pmatrix} = (1\ 4\ 7)(2\ 6\ 5\ 3)$$
となって巡回置換になりません．仕方ないので
$$A = \begin{pmatrix} 1 & 2 & 3 & 4 & 5 & 6 & 7 \\ 4 & 6 & 2 & 7 & 3 & 5 & 1 \end{pmatrix}$$
とおいて，A^2, A^3, $\cdots$ を計算して答は出たんですけど，えらいめんどくさくてもっと良い方法は無いものかと．

和尚　せっかく
$$A = (1\ 4\ 7)(2\ 6\ 5\ 3)$$
が分かったのだから，それを使ってみようか．まず，$(1\ 4\ 7)$ と $(2\ 6\ 5\ 3)$ は共通の番号を含まないので
$$(1\ 4\ 7)(2\ 6\ 5\ 3) = (2\ 6\ 5\ 3)(1\ 4\ 7)$$
が成り立つ．

沙織　各番号の移る先が同じだからですね．

和尚　そう．したがって，
$$\begin{aligned} A^2 &= (1\ 4\ 7)(2\ 6\ 5\ 3)(1\ 4\ 7)(2\ 6\ 5\ 3) \\ &= (1\ 4\ 7)(1\ 4\ 7)(2\ 6\ 5\ 3)(2\ 6\ 5\ 3) \\ &= (1\ 4\ 7)^2 (2\ 6\ 5\ 3)^2 \end{aligned}$$
となるだろ？ $A^3, A^4, \cdots$ を作っていくと，一般に
$$A^j = (1\ 4\ 7)^j (2\ 6\ 5\ 3)^j$$
であることが分かる．これが恒等置換になるのは $(1\ 4\ 7)^j$ と $(2\ 6\ 5\ 3)^j$ がともに恒等置換になるときに限る．

沙織　そうでないとある番号が動いてしまうからですね．

和尚　そう．$(1\ 4\ 7)^j$ が恒等置換になるのは，j が3の倍数のとき，また $(2\ 6\ 5\ 3)^j$ が恒等置換になるのは j が4の倍数のときだ．だから
$$A^j = (1\ 4\ 7)^j (2\ 6\ 5\ 3)^j$$
が恒等置換になるのは j が3と4の最小公倍数である12の倍数のときだ．

もえ　それで位数が12と分かるわけですね．なるほど．いやあ難しい！

和尚　ちょっとややこしかったかな．アタマの疲れをほぐすために，漢字クイズをやってみよう．

沙織　ひさしぶりですね．

和尚　米はアメリカ，英はイギリス，というように，漢字1文字で国を表すことがある．つぎの漢字の表す国はどこだか分かるか？
　　　（1）伯　　（2）墨　　（3）越　　（4）西　　（5）白
沙織　えーっ，ぜんぜんわかんなーい！　こういうクイズは理工学部生にはムリだわ．商学部のもえさんにおまかせします．
もえ　よっしゃ，まかしとけ，と言いたいとこだけど，(5)の「白」がナゾだわ．あとの4つは分かる．
沙織　すごーい！　じゃあ「伯」は？
もえ　伯はブラジルよ．
沙織　あ，そうか．言われてみれば納得だね．つぎの「墨」は？
もえ　墨はメキシコ．
沙織　どっかで見たことある．これも納得．
もえ　越はベトナムでしょ．
沙織　なるほど．越南だもんね．
もえ　西はスペイン．
沙織　これは知らなかった．
もえ　白は残念ながら分かりません．
和尚　白はベルギーだ．
もえ　ベルギーかあ．ヤマカンで考えてもまず当たりそうもないですね！
和尚　漢字クイズの答はつぎの通り．
　　　（1）伯はブラジル　　（2）墨はメキシコ　　（3）越はベトナム
　　　（4）西はスペイン　　（5）白はベルギー

● 群表

和尚　群の定義を復習しておこう．群とは何か，説明できるかな？
もえ　えーと，積が定義された集合 G が結合法則，単位元の存在，逆元の存在の3条件を満たすとき，G は群であるといいます．結合法則というのは

$$(ab)c = a(bc)$$

のことで，単位元というのは

$$ae = a, \qquad ea = a$$

を満たす G の元 e のことで，G の元 a の逆元というのは

$$ax = e, \qquad xa = e$$

を満たす元 x のことです．

和尚 いささか大ざっぱだが，まあいいだろう．群とは何か，分かってはいるみたいだ．

もえ あー良かった．ホッとしました．

和尚 積が定義された集合（群とは限らない）に対して，**乗積表**というものを考えることがある．

ごく簡単な例で説明しよう．集合

$$G = \{a, \ b, \ c\}$$

は 3 個の元 $a, \ b, \ c$ から成り，つぎのように積が定義されている．

$$aa = b, \qquad ab = c, \qquad ac = a;$$
$$ba = c, \qquad bb = a, \qquad bc = b;$$
$$ca = a, \qquad cb = b, \qquad cc = c.$$

このとき G の乗積表はつぎのようになる．

	a	b	c
a	b	c	a
b	c	a	b
c	a	b	c

沙織 この表を見れば，たとえば b と c の積 bc が何であるかがわかるというわけですね．

和尚 そう．bc だったら，

$$\begin{array}{c|ccc} & a & b & ⓒ \\ \hline a & b & c & a \\ ⓑ & c & a & ⓑ \\ c & a & b & c \end{array}$$

というふうにマルを付けていったところを見て，

$$bc = b$$

という情報を得られるわけだ．

もえ なるほど．

和尚 群の乗積表を**群表**という．3 次の対称群 S_3 の群表を作ってみよう．

沙織 S_3 というのは，集合としては

$$S_3 = \left\{ \begin{pmatrix} 1\ 2\ 3 \\ 1\ 2\ 3 \end{pmatrix}, \begin{pmatrix} 1\ 2\ 3 \\ 1\ 3\ 2 \end{pmatrix}, \begin{pmatrix} 1\ 2\ 3 \\ 2\ 1\ 3 \end{pmatrix}, \right. \\ \left. \begin{pmatrix} 1\ 2\ 3 \\ 2\ 3\ 1 \end{pmatrix}, \begin{pmatrix} 1\ 2\ 3 \\ 3\ 1\ 2 \end{pmatrix}, \begin{pmatrix} 1\ 2\ 3 \\ 3\ 2\ 1 \end{pmatrix} \right\}$$

という，6 個の元から成る集合で，置換の積に関して群になります．

もえ 思い出した．単位元は恒等置換 $\begin{pmatrix} 1\ 2\ 3 \\ 1\ 2\ 3 \end{pmatrix}$ で，逆元は逆置換．

和尚 そう．S_3 の 6 個の元を a, b, c, d, e, f で表そう．「しるし」を付けるようなものだ．恒等置換は単位元だから

$$e = \begin{pmatrix} 1\ 2\ 3 \\ 1\ 2\ 3 \end{pmatrix}$$

として，あとはテキトーに，

$$a = \begin{pmatrix} 1\ 2\ 3 \\ 1\ 3\ 2 \end{pmatrix}, \quad b = \begin{pmatrix} 1\ 2\ 3 \\ 2\ 1\ 3 \end{pmatrix},$$

$$c = \begin{pmatrix} 1\ 2\ 3 \\ 3\ 2\ 1 \end{pmatrix}, \quad d = \begin{pmatrix} 1\ 2\ 3 \\ 2\ 3\ 1 \end{pmatrix},$$

$$f = \begin{pmatrix} 1\ 2\ 3 \\ 3\ 1\ 2 \end{pmatrix}$$

としよう．これで

$$S_3 = \{e, a, b, c, d, f\}$$

となって，スッキリするだろう？

もえ なるほど．

和尚 あとは置換の積を計算して，たとえば

$$ab = \begin{pmatrix} 1 & 2 & 3 \\ 1 & 3 & 2 \end{pmatrix} \begin{pmatrix} 1 & 2 & 3 \\ 2 & 1 & 3 \end{pmatrix} = \begin{pmatrix} 1 & 2 & 3 \\ 2 & 3 & 1 \end{pmatrix} = d$$

から

$$ab = d$$

となる．

沙織 $6 \times 6 = 36$ 通りの積を計算して表を作るわけですか？

もえ うわあ，めんどくさ！

和尚 実際はそれほどメンドウではないよ．結果はつぎの通り．

	e	a	b	c	d	f
e	e	a	b	c	d	f
a	a	e	d	f	b	c
b	b	f	e	d	c	a
c	c	d	f	e	a	b
d	d	c	a	b	f	e
f	f	b	c	a	e	d

これが S_3 の群表だ．

もえ なんだかミステリアスですね．

沙織 表の中身をよく見ると，各行，各列とも

$$a, b, c, d, e, f$$

が1つずつ登場しています．

和尚 その通り．これを**ラテン方陣**という．じつは，有限群の群表はつねにラテン方陣になる．なぜなら，群表の1つの行（ヨコの段）には

$$ax \quad (x \in G)$$

という元が並ぶが，もし

$$ax = ay \quad (x, y \in G)$$

とすると左から a^{-1} をかけて

$$x = y$$

が出る．したがって1つの行に同じ元がダブって出てくることはない．一方，群表の1つの列（タテの段）には

$$xb \quad (x \in G)$$

という元が並ぶが，ここで

$$xb = yb \quad (x, y \in G)$$

ならば右から b^{-1} をかけて

$$x = y.$$

したがって1つの列に同じ元がダブって出てくることはない．有限群だから元の個数は有限個．ダブリが無ければすべての元が1個ずつ登場することになる．

もえ　群表はラテン方陣ですか．なるほど．

●アーベル群

和尚　交換法則を満たす群を**アーベル群**という．**交換法則**とは，

$$ab = ba$$

がすべての元 a, b に対して成り立つ，ということだ．

もえ　アーベル群．妙な名前ですね．

和尚　アーベルというのは人の名前だ．

もえ　大酒飲みだったんですか？

和尚　なんで？

もえ　あーべるほど飲んだ．

和尚　もえのギャグにしては上出来だな．

●例題1 つぎの群はアーベル群かどうか判定せよ．

（1） 2次の対称群 S_2　　（2） 3次の対称群 S_3

もえ　できそうだけど，ただのヤマカンでいいのかな．

沙織　交換法則が成り立つってことは，群表が「対称行列」になるってことじゃない？

もえ　群表を作れば分かるわけか．まず(1)は，

$$S_2 = \left\{ \begin{pmatrix} 1\ 2 \\ 1\ 2 \end{pmatrix}, \begin{pmatrix} 1\ 2 \\ 2\ 1 \end{pmatrix} \right\}$$

だから

$$e = \begin{pmatrix} 1\ 2 \\ 1\ 2 \end{pmatrix}, \quad a = \begin{pmatrix} 1\ 2 \\ 2\ 1 \end{pmatrix}$$

とおくと，

$$aa = e$$

だから，群表は

	e	a
e	e	a
a	a	e

となるよ．

沙織　ここで

$$\begin{pmatrix} e\ a \\ a\ e \end{pmatrix}$$

は「対称行列」でしょ？

もえ　なるほど．S_2 はアーベル群ですね．

沙織　(2) の S_3 は，群表をもう一度書くと，

$$\begin{array}{c|cccccc} & e & a & b & c & d & f \\ \hline e & e & a & b & c & d & f \\ a & a & e & d & f & b & c \\ b & b & f & e & d & c & a \\ c & c & d & f & e & a & b \\ d & d & c & a & b & f & e \\ f & f & b & c & a & e & d \end{array}$$

となって，これは「対称」じゃないよ．

もえ そうか．たとえば

$$ab = d, \qquad ba = f$$

だから

$$ab \neq ba$$

だもんね．

沙織 a, b って何だったかというと，

$$a = \begin{pmatrix} 1\ 2\ 3 \\ 1\ 3\ 2 \end{pmatrix}, \quad b = \begin{pmatrix} 1\ 2\ 3 \\ 2\ 1\ 3 \end{pmatrix}$$

でしょ．

$$\begin{pmatrix} 1\ 2\ 3 \\ 1\ 3\ 2 \end{pmatrix} \begin{pmatrix} 1\ 2\ 3 \\ 2\ 1\ 3 \end{pmatrix} = \begin{pmatrix} 1\ 2\ 3 \\ 2\ 3\ 1 \end{pmatrix},$$

$$\begin{pmatrix} 1\ 2\ 3 \\ 2\ 1\ 3 \end{pmatrix} \begin{pmatrix} 1\ 2\ 3 \\ 1\ 3\ 2 \end{pmatrix} = \begin{pmatrix} 1\ 2\ 3 \\ 3\ 1\ 2 \end{pmatrix}$$

だから

$$\begin{pmatrix} 1\ 2\ 3 \\ 1\ 3\ 2 \end{pmatrix} \begin{pmatrix} 1\ 2\ 3 \\ 2\ 1\ 3 \end{pmatrix} \neq \begin{pmatrix} 1\ 2\ 3 \\ 2\ 1\ 3 \end{pmatrix} \begin{pmatrix} 1\ 2\ 3 \\ 1\ 3\ 2 \end{pmatrix}.$$

交換法則が成り立たないので，S_3 はアーベル群ではありません．

和尚 正解だ．

●例題1の答 （1） アーベル群　　（2） アーベル群ではない

●位数が小さい群

和尚 群の位数とは何のことだったか，ちょっと復習してみよう．

沙織 群 G に属する元の個数を G の位数と言って $|G|$ で表します．たとえば対称群 S_3 は全部で 6 個の元を持つので，

$$|S_3| = 6$$

となります．

もえ なるほど．

和尚 位数が 1 である群を**単位群**という．

もえ 位数が 1 ってことは，元の個数が 1 個だけ？

沙織 でも群だから単位元が．

和尚 そう．単位元が入っている．位数が 1 ということは，単位元以外の元は無いということだ．すなわち単位群とは，

$$G = \{e\}$$

という形の群 G のことだ（e は単位元）．群表はつぎの通り．

	e
e	e

もえ えらいシンプルですねえ．

和尚 つぎに位数が 2 の群を考える．G を位数 2 の群とすると，単位元以外にもう 1 つの元があるから，

$$G = \{e, a\}$$

と書ける（e は単位元）．G の群表を作ると，単位元の性質から

	e	a
e	e	a
a	a	

となるが，前に述べたように群表はラテン方陣だから，右下の空白には e が入ることが分かる．

$$\begin{array}{c|cc} & e & a \\ \hline e & e & a \\ a & a & e \end{array}$$

もえ　なるほど．

和尚　つぎは位数が 3 の群だ．群 G の位数が 3 ならば，G は単位元 e 以外に 2 つの元を持つから，
$$G = \{e,\ a,\ b\}$$
と書ける．群表を作ると，まず
$$\begin{array}{c|ccc} & e & a & b \\ \hline e & e & a & b \\ a & a & & * \\ b & b & & \end{array}$$
となるが，ここで $*$ の所に何が入るかを考える．

沙織　群表はラテン方陣ですから，タテとヨコを見ると，ダブらないためには e しかありません．

和尚　その通り．あとはラテン方陣だからということで全部決まる．
$$\begin{array}{c|ccc} & e & a & b \\ \hline e & e & a & b \\ a & a & b & e \\ b & b & e & a \end{array}$$

もえ　おもしろーい！

和尚　表をみると，
$$a^2 = aa = b, \quad a^3 = a^2 a = ba = e.$$
したがって，
$$G = \{e,\ a,\ a^2\}, \quad a^3 = e.$$
位数 3 の群はこのタイプしかない．

沙織　群表を見ると，位数 1, 2, 3 の群はすべてアーベル群ですね．

和尚　その通り．つぎは位数が 4 の群を考えよう．

●例題2　位数が4の群はすべてアーベル群であることを証明せよ．

もえ　群表を作れば何とかなりそうじゃん．やってみよう．

沙織　位数4の群は単位元e以外に3つの元を持つので，
$$G = \{e, a, b, c\}$$
として群Gの群表を書いてみると，

$$\begin{array}{c|cccc} & e & a & b & c \\ \hline e & e & a & b & c \\ a & a & * & & \\ b & b & & & \\ c & c & & & \end{array}$$

となるでしょ．ラテン方陣という条件で他の所が分かるかどうか，少し考えてみよう．

もえ　いろいろやってみたけど，1通りに決まりそうもないよ．

沙織　仕方ないから場合を分けて考えよう．上の群表の$*$の所はe, b, cのどれかでしょ．まず$*$がeの場合は，ラテン方陣の条件から

$$\begin{array}{c|cccc} & e & a & b & c \\ \hline e & e & a & b & c \\ a & a & e & c & b \\ b & b & c & & \\ c & c & b & & \end{array}$$

ここまでは決まって，あとは2種類出てくるよ．

① $\begin{array}{c|cccc} & e & a & b & c \\ \hline e & e & a & b & c \\ a & a & e & c & b \\ b & b & c & e & a \\ c & c & b & a & e \end{array}$ ② $\begin{array}{c|cccc} & e & a & b & c \\ \hline e & e & a & b & c \\ a & a & e & c & b \\ b & b & c & a & e \\ c & c & b & e & a \end{array}$

もえ　なるほど．

沙織　前に戻って，$*$ が b のときは，

$$\begin{array}{c|cccc} & e & a & b & c \\ \hline e & e & a & b & c \\ a & a & b & c & e \\ b & b & c & e & a \\ c & c & e & a & b \end{array}$$

③

となって，これはラテン方陣の条件だけで全部決まり．また $*$ が c のときは

$$\begin{array}{c|cccc} & e & a & b & c \\ \hline e & e & a & b & c \\ a & a & c & e & b \\ b & b & e & c & a \\ c & c & b & a & e \end{array}$$

④

で，これもラテン方陣の条件だけで全部決まり．

もえ　すごーい！

沙織　①，②，③，④のどの場合でも交換法則が成り立つので，G はアーベル群です．

和尚　正解だ．

もえ　お見事！

●例題 2 の答　群表がラテン方陣になることを用いると，位数 4 の群

$$G = \{e, a, b, c\} \quad (e は単位元)$$

の群表はつぎの①，②，③，④のどれかになる（aa が e, b, c のどれであるかで場合を分ける）．

①
$$\begin{array}{c|cccc} & e & a & b & c \\ \hline e & e & a & b & c \\ a & a & e & c & b \\ b & b & c & e & a \\ c & c & b & a & e \end{array}$$

②
$$\begin{array}{c|cccc} & e & a & b & c \\ \hline e & e & a & b & c \\ a & a & e & c & b \\ b & b & c & a & e \\ c & c & b & e & a \end{array}$$

③
	e	a	b	c
e	e	a	b	c
a	a	b	c	e
b	b	c	e	a
c	c	e	a	b

④
	e	a	b	c
e	e	a	b	c
a	a	c	e	b
b	b	e	c	a
c	c	b	a	e

いずれも交換法則を満たしているので，G はアーベル群である．□

和尚 集合 $G = \{e, a, b, c\}$ に上の①，②，③，④のどれか1つを用いて積を定義すると，G は群になる（結合法則はすべての場合をチェックして確かめられる．単位元の存在と逆元の存在は表を見れば分かる）．①は**クラインの四元群**と呼ばれる群の群表になる．

残りの②，③，④だが，つぎのようにして a, b, c から u, v, w に「しるし」を付けかえてみよう．

② $a = v, \quad b = u, \quad c = w.$
③ $a = u, \quad b = v, \quad c = w.$
④ $a = u, \quad b = w, \quad c = v.$

これによって
$$G = \{e, u, v, w\}$$
となるが，群表を作ると②，③，④どの場合も

	e	u	v	w
e	e	u	v	w
u	u	v	w	e
v	v	w	e	u
w	w	e	u	v

となってまったく同じものになる．

沙織 しるしを付けかえただけで群表が一致するということは，群の構造が同じだということですね．

和尚 その通り．表を見ると，
$$u^2 = v, \quad u^3 = u^2 u = vu = w,$$

$$u^4 = u^3 u = wu = e$$

となるから,

$$G = \{e,\ u,\ u^2,\ u^3\}, \quad u^4 = e$$

となっていることが分かる．これは 4 次の巡回群と呼ばれる群だが，巡回群については来週くわしく学ぶことになるだろう．

位数 4 の群はクラインの四元群か 4 次の巡回群のどちらかで，いずれもアーベル群になっている．

● 加法群

和尚 アーベル群（交換法則 $ab = ba$ が成り立つ群）の演算を，積 ab ではなくて和 $a+b$ で表したものを**加法群**という．

もえ カホウというと，刀とかかぶととか？

和尚 そりゃ家宝だ．加法というのはたし算のことだ．
加法群では単位元 e の代わりに 0，また a の逆元 a^{-1} の代わりに $-a$ を用いる．

もえ なんだかゴチャゴチャしてきたなあ．

和尚 加法群はよく出てくるので，あらためてまとめておこう．

加法群とは何か 集合 R に和が定義され，つぎの条件 (1), (2), (3), (4) をすべて満たすとき，R は**加法群**であるという．

（1）**交換法則** 和に関して
$$a + b = b + a$$
が成り立つ．

（2）**結合法則** 和に関して
$$(a+b) + c = a + (b+c)$$
が成り立つ．

（3） **0の存在**　Rには特別な元0が存在して，
$$a + 0 = a$$
がすべての元aに対して成り立つ．

（4） **負元の存在**　Rの元aに対して，
$$a + x = 0$$
を満たす元xが存在する．xをaの**負元**といい，$-a$で表す．

もえ　逆元の代わりに負元ですか．
和尚　ふげん実行か？
もえ　先に言われてしまった！
沙織　GではなくてRという文字にしたのは？
和尚　加法群と今までの群を区別する意味で文字を変えてみただけだ．
　　　加法群という用語に対して，今までの群（演算は積）を**乗法群**と呼ぶことがある．
　　　乗法群に関する結果は加法群に対しても成り立つ．ただし，積を和に，単位元をeを0に，逆元を負元に，というふうに翻訳する必要がある．
もえ　なるほど．
和尚　加法群の例は身近なところにある．たとえば，整数全体のつくる集合$\mathbb{Z}$は通常の和に関して加法群となる．
沙織　整数全体ということは負の整数も含むわけですね？
和尚　そう．集合の記号で書くと
$$\mathbb{Z} = \{\cdots, -2, -1, 0, 1, 2, \cdots\}.$$
また，実数全体のつくる集合$\mathbb{R}$も，通常の和に関して加法群になる．
もえ　和と積がごっちゃになって混乱しそうですね．

和尚 今日はここまで．土日は休みだから，次回は月曜日だ．それまでに宿題をやっておくこと．今までのところをざっと復習しておくといい．

もえ はーい．ありがとうございました．失礼します．

沙織 どうもありがとうございました．来週もよろしくお願いします．

和尚 また来週．

●宿題 5

群 G がアーベル群となるための必要十分条件は，G のすべての元 a, b に対して

$$(ab)^{-1} = a^{-1}b^{-1}$$

が成り立つことである．このことを証明せよ．

● 6 日目

部分群

●宿題 5 の答　一般に，群においては $(ab)^{-1} = b^{-1}a^{-1}$ が成り立つ（宿題 3）．このことを用いると，G がアーベル群ならば，任意の $a, b \in G$ に対して $(ab)^{-1} = b^{-1}a^{-1} = a^{-1}b^{-1}$ となる．逆に，群 G において $(ab)^{-1} = a^{-1}b^{-1}$ が任意の $a, b \in G$ に対して成り立つならば，$(x^{-1})^{-1} = x$, $(y^{-1})^{-1} = y$ であることを用いて，$xy = (x^{-1})^{-1}(y^{-1})^{-1} = (x^{-1}y^{-1})^{-1} = (y^{-1})^{-1}(x^{-1})^{-1} = yx$, すなわち $xy = yx$ が任意の $x, y \in G$ に対して成り立つから，G はアーベル群である． □

もえ　宿題むずかしかったです．

沙織　と言うより，何を言えばいいのか，どう表現したらいいのかがもう 1 つピンときません．

和尚　最初はそれが当たり前だから何も心配することはない．特殊な資質を持ったごく一部の人を除けば，数学のコトバが脳の中に最初からスイスイ入っていくわけじゃない．時間と経験が必要．あせっちゃ

いかん．

もえ 必要十分条件．数学ではしょっちゅう出てきますけど，どうもよく分からない．証明せよといわれても，何を示せばいいのやら．

和尚 必要条件と十分条件をごっちゃにするケースは受験生でもしょっちゅう見かけるが，必要十分条件は多少は分かりやすいんじゃないかな．

簡単に言ってしまうと，「必要十分条件である」とは，「言葉・表現はちがっていても，じつは同じことを主張している」という意味だ．

もえ へえー，そうなんですか．

和尚 宿題5を例にとって説明しよう．「G は群である」というのが前提で，このときつぎのⒶとⒷは同じことを主張している．そのことを示せ，というわけだ．

　　Ⓐ　G はアーベル群である．

　　Ⓑ　G のすべての元 a, b に対して
$$(ab)^{-1} = a^{-1}b^{-1}$$
が成り立つ．

もえ 具体的に何を示せばいいんですか？

和尚 つぎの ⅰ)，ⅱ) を両方確かめればいいのだ．

　　ⅰ)　Ⓐを仮定してⒷをみちびく．

　　ⅱ)　Ⓑを仮定してⒶをみちびく．

もえ 両方ですか？　うわあめんどくさい！

和尚 確かに最初はめんどくさいだろう．しかし慣れてくれば平気になるから心配はいらん．

沙織 宿題の答のところで
$$(x^{-1})^{-1} = x$$
という式が出てきますが．

和尚　一般に，群 G の元 x に対して，逆元の定義から
$$xx^{-1} = e, \qquad x^{-1}x = e$$
が成り立つ（e は単位元）．これを G の元 x^{-1} の方からながめると，x^{-1} の逆元が x であることが分かる．すなわち
$$(x^{-1})^{-1} = x$$
となるわけだ．

沙織　なるほど．

もえ　「任意の」という表現はよく出てきますが，「すべての」と同じ意味なんですか？

和尚　いい質問だ．任意の，すべての，かってな，あらゆる．これらはみな同じ意味で用いられる．ただ，日本語の文章としておかしくないように，また意味の誤解を生じないようにと考えると，「任意の」という表現は選ばれやすい．だからよく登場することになるわけだ．

もえ　いやあムズカシイ！　数学のコトバに慣れるまでには，まだまだ時間がかかりそうだわ．

和尚　ところで，もえは東京生まれの東京育ちだったな？

もえ　もちろん！　チャキチャキの江戸っ子です．

和尚　沙織は？

沙織　生まれは福岡です．10歳までいました．

和尚　福岡か．

もえ　何か考えていますね．マユ毛がピクッと動きましたよ．

和尚　いやいや．福岡の人は生麩（なま）とかちくわ麩とか，お麩が好きなんだって？

沙織　はい．よく食べます．

和尚　麩，食おうか．

沙織　は？

和尚　ふ，くおーか．ふくおーか！

沙織　ヤラレター！

もえ　しょーもなー …

● 部分群

和尚　群の定義を忘れていないかな？　しっかりアタマに入っているか？
もえ　えーと，積の定義された集合が，結合法則，単位元の存在，逆元の存在の3条件を満たすとき，群であるといいます．ここで結合法則とは，積に関して
$$(ab)c = a(bc)$$
が成り立つこと，単位元とは，すべての元 a に対して
$$ae = a, \quad ea = a$$
を満たす特別な元 e のことで，「単位元の存在」とは単位元が存在するという条件です．また，元 a の逆元とは
$$ax = e, \quad xa = e$$
を満たす元 x のことで，「逆元の存在」とは，すべての元が逆元を持つという条件です．
和尚　よーし．忘れてはいないようだ．
もえ　あー良かった！
和尚　今日は部分群の話だが，ここは専門家には簡単だが一般の人には意外に分かりにくいところかもしれんな．
沙織　線形代数で「部分空間」が出てきましたけど，よく分かりませんでした．
もえ　部分ナントカっていうのはどうも分かりにくいです．イメージがパッと浮かんできません．
和尚　イメージ的には簡単で，群の一部分がまた群になるとき「部分群」というだけの話だ．
もえ　えらいカンタンですねえ．
和尚　でもこれじゃ意味が通じないだろ？

沙織　たしかに．

和尚　ちゃんと説明しようとすればするほど，一般の人には分かりにくいものになってしまうのだ．

沙織　なるほど．

> 群の元から成るある集合が（その群の演算に関して）ふたたび群となるとき，もとの群の部分群であるという．

和尚　まずこの文章を記憶してしまおう．

もえ　これなら短いですからだいじょぶ．OK です．

沙織　部分群の定義が分かっても，与えられた集合が実際に部分群であるかどうかはどうやって判定するのですか？

和尚　いい質問だ．定義が分かっただけではまだ使いものにならない．実用的な判定法を考えよう．

　　　まず，G が群で，H は G の元から成るある集合，というのが前提だ．H は G の一部分，というイメージかな．

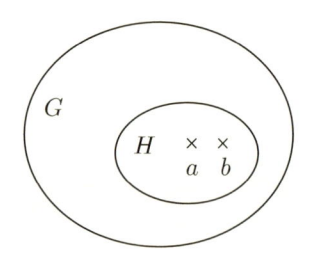

和尚　今，a, b を H の元とすると，a, b は G の元でもあるから，ab が G の元として定まる．ここで元 ab が下の図のように H の外にはみ出してしまうと，H が G の演算に関して群にならなくなってしまう．

```
       ┌─────────────────────┐
       │        × ab         │
       │  G   ┌──────────┐   │
       │      │ H  ×  ×  │   │
       │      │    a  b  │   │
       │      └──────────┘   │
       └─────────────────────┘
```

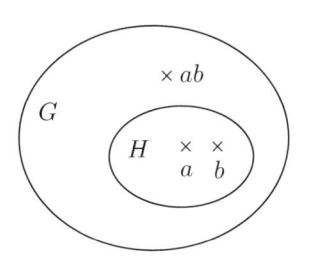

沙織　H がふたたび群となるケースでは，ab が H に属さないとおかしいですね．

和尚　そう．したがって，H が G の部分群であるならば少なくともつぎの条件が成り立つ．

（ i ）H の任意の元 a, b に対して，ab が H に属する．

この条件が成り立つことを，H は G の演算に関して**閉じている**という．

もえ　「閉じている」か．何となく雰囲気は分かるな．

和尚　さらに，H が G の部分群になるときはつぎの (ii), (iii) も成り立つ．

（ ii ）G の単位元が H に属する．

（iii）H に属する元の逆元は，また H に属する．

なぜなら，H が G の部分群になるとき，群 H の単位元は群 G の単位元に一致する（群 H の単位元を e_H とすれば，$e_H e_H = e_H$ を G の元と見て e_H^{-1} を右からかければ $e_H = e$）．したがって (ii) が成り立ち，また (iii) が成り立つ（$h \in H$ ならば H は群だから $hx = e$ となる $x \in H$ が存在するが，この式を G で見て h^{-1} を左からかければ $x = h^{-1}$ となるから $h^{-1} \in H$）．

もえ　ウーン，ややこしくなってきた．

和尚　逆に，上の条件 (i), (ii), (iii) がすべて成り立つとき，H は G の部分群になる．

沙織　条件（ⅰ）で H に積が定義され，その H が結合法則，単位元の存在（条件（ⅱ）），逆元の存在（条件（ⅲ））をすべて満たすので，H は G の演算に関して群になる．したがって H は G の部分群になる，ということですね．

和尚　その通り．H の元は G の元でもあるから，結合法則はもともと成り立っている．部分群の判定法をまとめておこう．

群 G の元から成るある集合 H が G の部分群となるための必要十分条件は，つぎの（ⅰ），（ⅱ），（ⅲ）がすべて成り立つことである．
　（ⅰ）H は G の演算に関して閉じている．
　（ⅱ）G の単位元が H に属する．
　（ⅲ）H に属する元の逆元は，また H に属する．

和尚　群 G 自身は G の部分群になる．また，$\{e\}$ も G の部分群になる．

沙織　$\{e\}$ というのは，「位数が小さい群」で出てきた「単位群」のことですね．

和尚　そう．G 自身と単位群のことを，群 G の**自明な部分群**という．

もえ　自明な部分群ですか？　イヤな表現だなあ．

和尚　どうして？

もえ　だって自明っていうのは「明らか」ってことでしょ？　よく分かってないのに自明なんて言われるとアタマに来ますよ．これって一種のいじめーです

和尚　なるほど．部分群の具体例を示しておこう．

対称群 S_3 の3つの元
$$\begin{pmatrix} 1 & 2 & 3 \\ 1 & 2 & 3 \end{pmatrix},\ \begin{pmatrix} 1 & 2 & 3 \\ 2 & 3 & 1 \end{pmatrix},\ \begin{pmatrix} 1 & 2 & 3 \\ 3 & 1 & 2 \end{pmatrix}$$
から成る集合を H とする．すなわち
$$H = \left\{ \begin{pmatrix} 1 & 2 & 3 \\ 1 & 2 & 3 \end{pmatrix},\ \begin{pmatrix} 1 & 2 & 3 \\ 2 & 3 & 1 \end{pmatrix},\ \begin{pmatrix} 1 & 2 & 3 \\ 3 & 1 & 2 \end{pmatrix} \right\}.$$
すると H は S_3 の部分群になることが分かる．

沙織　判定法の (i), (ii), (iii) を直接チェックするのですか？

和尚　以前「群表」のところで S_3 の群表を作ったことがある．それを活用することにしよう．S_3 の 6 つの元を

$$e = \begin{pmatrix} 1 & 2 & 3 \\ 1 & 2 & 3 \end{pmatrix}, \quad a = \begin{pmatrix} 1 & 2 & 3 \\ 1 & 3 & 2 \end{pmatrix},$$

$$b = \begin{pmatrix} 1 & 2 & 3 \\ 2 & 1 & 3 \end{pmatrix}, \quad c = \begin{pmatrix} 1 & 2 & 3 \\ 3 & 2 & 1 \end{pmatrix},$$

$$d = \begin{pmatrix} 1 & 2 & 3 \\ 2 & 3 & 1 \end{pmatrix}, \quad f = \begin{pmatrix} 1 & 2 & 3 \\ 3 & 1 & 2 \end{pmatrix}$$

として群表を作ると

	e	a	b	c	d	f
e	e	a	b	c	d	f
a	a	e	d	f	b	c
b	b	f	e	d	c	a
c	c	d	f	e	a	b
d	d	c	a	b	f	e
f	f	b	c	a	e	d

となる．集合 H の元は e, d, f だからこれだけを取り出して乗積表を作ると

	e	d	f
e	e	d	f
d	d	f	e
f	f	e	d

となる．

沙織　この表を見れば判定法の条件 (i), (iii) が成り立っていることが分かりますね．

もえ　なるほど．e は H の元だから条件 (ii) も OK だ．

和尚　その通り．したがって

$$H = \left\{ \begin{pmatrix} 1 & 2 & 3 \\ 1 & 2 & 3 \end{pmatrix}, \begin{pmatrix} 1 & 2 & 3 \\ 2 & 3 & 1 \end{pmatrix}, \begin{pmatrix} 1 & 2 & 3 \\ 3 & 1 & 2 \end{pmatrix} \right\}$$

は S_3 の部分群であることが分かる．

●例題 1 H_1, H_2 をともに群 G の部分群とするとき, H_1 と H_2 の両方に属する元全体のつくる集合を H とすれば, H は G の部分群になる. このことを証明せよ.

和尚　抽象数学の練習問題だが, どうかな？

もえ　どうも抽象的な問題だとイメージがわかなくて･･･

沙織　イメージ･･･　こんな感じかな？

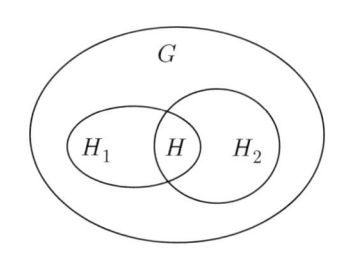

もえ　なるほど. H は H_1 や H_2 より「小さい」んだね.

沙織　H は G の元から成る集合だから, 判定法の (i), (ii), (iii) をチェックすればいいのよ.

もえ　条件 (i) だけど, a, b がともに H の元のとき, ab は H の元になるの？

沙織　H は, H_1 と H_2 の両方に属する元の全体だから, a も b も H_1 に属するでしょ？　H_1 は G の部分群だから, 積 ab も H_1 に属するでしょ？

もえ　なるほど.

沙織　a も b も H_2 に属するから, ab も H_2 に属する.

もえ　そうか. ab は H_1 と H_2 の両方に属するから, H の元になるんだ. 条件 (i) は OK.

沙織　条件 (ii) は, G の単位元 e が H_1 にも H_2 にも属するから, H に属するので OK.

もえ 条件 (ⅲ) だけど，H の元 a の逆元 a^{-1} は，H に属するの？

沙織 a は H_1 の元でもあるから a^{-1} は H_1 に属するでしょ？ a は H_2 の元でもあるので a^{-1} は H_2 にも属する．

もえ そうか．だから，a^{-1} は H に属するんだ．条件 (ⅲ) も OK．(ⅰ)，(ⅱ)，(ⅲ) がすべて成立するので，H は G の部分群になります．

和尚 正解だ．

●例題 1 の答　$a, b \in H$ とすれば $a, b \in H_1$ より $ab \in H_1$；同様に $a, b \in H_2$ より $ab \in H_2$；したがって $ab \in H$．G の単位元を e とすれば $e \in H_1$ と $e \in H_2$ より $e \in H$．また $a \in H$ のとき $a \in H_1$ より $a^{-1} \in H_1$，$a \in H_2$ より $a^{-1} \in H_2$；したがって $a^{-1} \in H$．ゆえに H は G の部分群である．　　□

◉アーベル群の部分群

和尚 「アーベル群」の定義は？

もえ えーと，何だっけな…

和尚 もう忘れたのか？

もえ 思い出した！　交換法則

$$ab = ba$$

が成り立つ群をアーベル群と言います．

和尚 交換法則は部分群の元に限定しても成り立つから，つぎのことが分かる．

アーベル群の部分群はすべてアーベル群である．

和尚 アーベル群の演算を（積ではなく）和 $a + b$ で表したものを「加法群」と呼んだ．

沙織　加法群では単位元を0 (ゼロ)，またaの逆元を$-a$で表して，$-a$を「aの負元」と呼ぶんでしたね．

和尚　そう．加法群の部分群は，また加法群になる．

◉加法群の部分群

和尚　部分群の判定法を加法群の場合に翻訳して述べておこう．

> 加法群Rの元から成るある集合HがRの部分群となるための必要十分条件は，つぎの（ⅰ），（ⅱ），（ⅲ）がすべて成り立つことである．
> （ⅰ）$a, b \in H \Longrightarrow a + b \in H$.
> （ⅱ）$0 \in H$.
> （ⅲ）$a \in H \Longrightarrow -a \in H$.

もえ　集合の記号を使うとえらいカンタンですね．分かりやすいかどうかは別だけど．

和尚　慣れれば便利だろ？　復習しておくと，「$\in$」は「属する」ということ，その集合のメンバーですよ，という意味だ．また「$\Longrightarrow$」は「ならば」とか，「の時」という意味だ．

もえ　確かに慣れてくると便利かもしれませんね．

和尚　例題をやってみよう．

●例題2　mを正の整数とする．mの整数倍で表される数全体のつくる集合を$m\mathbb{Z}$とすれば，$m\mathbb{Z}$は加法群$\mathbb{Z}$の部分群となることを示せ．

もえ　ちょっと待ってください．$\mathbb{Z}$って何でしたっけ？

和尚　整数全体のつくる集合だ．すなわち，
$$\mathbb{Z} = \{\cdots, -3, -2, -1, 0, 1, 2, 3, \cdots\}$$
$\mathbb{Z}$ は通常のたし算に関して加法群になる．

もえ　$m\mathbb{Z}$ は？

和尚　m の整数倍全体だから，集合としては
$$m\mathbb{Z} = \{\cdots, -3m, -2m, -m, 0, m, 2m, 3m, \cdots\}$$
ということになる．もともと m は整数だから，$m\mathbb{Z}$ の元はすべて整数．したがって，$m\mathbb{Z}$ は $\mathbb{Z}$ の元から成るある集合．

沙織　その集合 $m\mathbb{Z}$ が加法群 $\mathbb{Z}$ の部分群であることを示せ，という問題ですね．

和尚　「示せ」というのは「証明せよ」という意味だ．

沙織　先ほどの判定法の (i)，(ii)，(iii) をチェックしましょう．まず (i) ですが，
$$a, b \in m\mathbb{Z}$$
ならば，a, b はともに m の整数倍なので
$$a = mx, \quad b = my, \quad \text{ただし } x, y \in \mathbb{Z}$$
と表すことができます．加えると
$$a + b = m(x + y)$$
となりますが，x, y が整数だから $x + y$ も整数なので，
$$a + b \in m\mathbb{Z}$$
となります．すなわち，
$$a, b \in m\mathbb{Z} \implies a + b \in m\mathbb{Z}$$
が言えました．

もえ　条件 (ii) ですが，0 は m の 0 倍なので
$$0 \in m\mathbb{Z}$$
となります．

沙織　最後に (iii) ですが,
$$a \in m\mathbb{Z}$$
ならば
$$a = mx, \quad x \in \mathbb{Z}$$
と表せるので,
$$-a = -mx = m(-x)$$
となって, $-x$ は整数になるので
$$-a \in m\mathbb{Z}.$$
　条件 (iii) も OK です.

もえ　以上より, $m\mathbb{Z}$ は加法群 $\mathbb{Z}$ の部分群になります.

和尚　正解だ.

●例題 2 の答　$m\mathbb{Z}$ の元はみな整数（すなわち $\mathbb{Z}$ の元）だから, 集合 $m\mathbb{Z}$ が加法群 $\mathbb{Z}$ の部分群になることを示すには, つぎの (i), (ii), (iii) が成り立つことを確かめればよい.

(i) $a, b \in m\mathbb{Z} \Longrightarrow a + b \in m\mathbb{Z}$.

(ii) $0 \in m\mathbb{Z}$.

(iii) $a \in m\mathbb{Z} \Longrightarrow -a \in m\mathbb{Z}$.

実際, $0 = m \cdot 0 \in m\mathbb{Z}$ より (ii) が出る. また $a, b \in m\mathbb{Z}$ とすれば $a = mx, b = my$ $(x, y \in \mathbb{Z})$ と書けるから, $a + b = m(x + y) \in m\mathbb{Z}$, $-a = m(-x) \in m\mathbb{Z}$. これから (i), (iii) が出る. □

和尚　今日はここまで. 宿題を出しておこう.

もえ　いやあかなりハードな一日でした. 集合の記号「∈」は今までチンプンカンプンで見るのもイヤだったけど, 意外に便利な記号らしいので, これからは慣れるように努力します.

沙織　ありがとうございました．失礼します．
和尚　気をつけてお帰り．

●宿題 6

（1） 対称群 S_4 の 4 つの元 (1), $(1\,2)$, $(3\,4)$, $(1\,2)(3\,4)$ から成る集合を H とする：

$$H = \{(1),\ (1\,2),\ (3\,4),\ (1\,2)(3\,4)\}.$$

H は S_4 の部分群であることを示せ．

（2） S_5 の元（すなわち $\{1,\ 2,\ 3,\ 4,\ 5\}$ 上の置換）の中で番号 3 を動かさないもの全体のつくる集合を H とする．H は S_5 の部分群であることを示せ．

● **7日目**

巡回群

●宿題 6 の答　(1) 4 つの元 $(1), (1\ 2), (3\ 4), (1\ 2)(3\ 4)$ をそれぞれ e, a, b, c と置いて乗積表を作る.

	e	a	b	c
e	e	a	b	c
a	a	e	c	b
b	b	c	e	a
c	c	b	a	e

この表から, H は積に関して閉じており, H の元の逆元は (その元自身なので) また H に属することが分かる. S_4 の単位元 (1) はもともと H に属している. 以上のことから, H は S_4 の部分群である. □

(2) (i) $A, B \in H$ とすれば, A も B も番号 3 を動かさない置換だから積 AB も 3 を動かさない. したがって $AB \in H$. (ii) S_5 の単位元は恒等置換で番号 3 を動かさないから H に属する. (iii) $A \in H$ のとき, A は $\begin{pmatrix} 1 & 2 & 3 & 4 & 5 \\ & & 3 & & \end{pmatrix}$ という形の置換だからその逆置

換 A^{-1} は上下をひっくり返して $\begin{pmatrix} & & 3 & & \\ 1 & 2 & 3 & 4 & 5 \end{pmatrix}$ という形の置換になり，やはり番号3を動かさない．したがって $A^{-1} \in H$．以上（ⅰ），（ⅱ），（ⅲ）より，H は S_5 の部分群である． □

もえ　それにしても京都の夏は暑いですね．
和尚　盆地だからな．独特の暑さだ．
沙織　あたしは夏が大好きで，暑いのはわりと平気．反対に寒いのがダメです．
もえ　沙織ってそんなに寒がりだっけ？
沙織　もースゴイよ．毎年12月になると決まってカゼを引いてグスングスン．それが3月ぐらいまで続いちゃうの．
和尚　12月は師走というくらいで忙しいからなあ．年賀状に忘年会，お歳暮にお正月の準備と，用事が目白押しだ．
もえ　お歳暮か…　まだもらったことありません．
和尚　お歳暮の習慣は意外にもキリスト教から始まったという説があるらしいぞ．
もえ　ホントですか？
和尚　せいぼマリア，なんちゃって！　失礼シマシタ．
沙織　ギャハハハ！
もえ　しょーもなー！

● 巡回群

和尚　a が群 G の元で n が整数のとき，
$$a^n$$
が何を表すか，もう一度復習しておこう．

もえ　n が正の整数のときは，
$$a^1 = a, \quad a^2 = aa, \quad a^3 = aaa, \quad \cdots$$
で，a を n 回かけた元のことです．

沙織　n が 0 のときは,
$$a^0 = e$$
で, 単位元を表します.

もえ　n が負の整数のときは, まず a^{-1} は a の逆元を表し,
$$a^{-2} = (a^{-1})^2, \quad a^{-3} = (a^{-1})^3, \quad \cdots$$
で, a^n を定義します.

沙織　数の場合と同じように, 任意の整数 m, n に対して
$$a^m a^n = a^{m+n}, \quad (a^m)^n = a^{mn}$$
が成り立ちます.

和尚　OK だ.

群 G の元 a に対して, a^n の形の元（n は整数）全体のつくる集合を $\langle a \rangle$ で表す. すなわち,
$$\langle a \rangle = \{\cdots, a^{-3}, a^{-2}, a^{-1}, a^0, a^1, a^2, a^3, \cdots\}.$$

●例題 1　$\langle a \rangle$ は G の部分群となることを示せ.

もえ　いきなり例題ですか. でも部分群はきのうやったばかりだから, 何だかできそうな気がする. $\langle a \rangle$ は G の元から成る集合だから, 部分群の判定法を使えばいいんでしょ?

沙織　まず $\langle a \rangle$ が積に関して閉じてるかどうか.

もえ　$\langle a \rangle$ に属する 2 つの元の積がまた $\langle a \rangle$ に属するかどうかだけど, $\langle a \rangle$ に属する元てゆーのは a のナントカ乗の形だから, 2 つかけると
$$a^m a^n = a^{m+n}$$
となってやっぱり a のナントカ乗でしょ. だから OK. a の 0 乗は単位元だから, 単位元は $\langle a \rangle$ に属する. 単位元の条件も OK.

沙織　あとは逆元だけど，
$$(a^n)^{-1} = a^{-n}$$
だから，これも OK．$\langle a \rangle$ に属する元の逆元は，また $\langle a \rangle$ に属します．以上によって，$\langle a \rangle$ が G の部分群であることが確かめられました．

和尚　正解だ．

●例題1の答　（ⅰ）$u, v \in \langle a \rangle$ とすれば，$u = a^m$, $v = a^n$ ($m, n \in \mathbb{Z}$) と書けるから $uv = a^m a^n = a^{m+n} \in \langle a \rangle$，（ⅱ）$e = a^0 \in \langle a \rangle$，（ⅲ）$u \in \langle a \rangle$ ならば $u = a^m$ ($m \in \mathbb{Z}$) と書けるので $u^{-1} = (a^m)^{-1} = a^{-m} \in \langle a \rangle$．（ⅰ），（ⅱ），（ⅲ）より $\langle a \rangle$ は G の部分群である． □

和尚　群 G の部分群の中で $\langle a \rangle$ の形のものを，G の**巡回部分群**という．G 自身がある巡回部分群に等しいとき，すなわち
$$G = \langle a \rangle$$
であるとき，G は**巡回群**であるといい，a を巡回群 G の**生成元**という．

もえ　いろいろ新しい用語が出てきたなあ．アタマの中の引き出しが足りなくなっちゃうよ．

沙織　巡回部分群も，群としては巡回群なんですね？

和尚　その通りだ．

●例題2　巡回群はアーベル群であることを示せ．

もえ　アーベル群てのは…

沙織　もう忘れたの？

もえ　あ，思い出した！　「交換法則」が成り立つ群のことだ．

沙織　巡回群はとにかく群ではあるわけだから，交換法則だけ確かめればいいのよ．

もえ　そっかそっか．えーと
$$G = \langle a \rangle$$
を巡回群とするでしょ．2つの元 a^m と a^n を取ると，
$$a^m a^n = a^{m+n},$$
$$a^n a^m = a^{n+m}$$
となるけど，
$$m + n = n + m$$
だから
$$a^m a^n = a^n a^m.$$
交換法則は成り立ってます．したがって巡回群はアーベル群です．

和尚　正解だ．

●例題 2 の答　$G = \langle a \rangle$ を巡回群とする．$u, v \in G$ とすると $u = a^m$, $v = a^n$ ($m, n \in \mathbb{Z}$) と書けるから，$uv = a^m a^n = a^{m+n} = a^{n+m} = a^n a^m = vu$．したがって $uv = vu$ となり，交換法則が成り立つから G はアーベル群である．　　□

◉ 巡回群の位数

和尚　群 G において，元 a の「位数」とは何だったか復習してみよう．

もえ　いやあカンペキに忘れました．

和尚　沙織は？

沙織　えーと，a のナントカ乗をつぎつぎに作っていきます．
$$a^1, \ a^2, \ a^3, \ \cdots$$
このとき，最初に単位元になるのが a の k 乗だったら，
$$a^k = e,$$
a の位数は k です．もし
$$a^1, \ a^2, \ a^3, \ \cdots$$
の中に単位元が無いときは，a は無限位数であるといいます．

もえ　そうかそうか．思い出しました．

和尚　ところで，集合としての $\langle a \rangle$ だが，
$$\langle a \rangle = \{\cdots, \ a^{-3}, \ a^{-2}, \ a^{-1}, \ a^0, \ a^1, \ a^2, \ a^3, \ \cdots\}$$
という式から $\langle a \rangle$ が無限集合（無数に多くの元から成る集合）に見えないか？

もえ　無数に多くの元から成ってるように見えます．

和尚　それはダブリが無い場合だ．

沙織　ダブリというと，i と j が異なる整数なのに
$$a^i = a^j$$
となってしまうことですね？

和尚　そう．$j > i$ であるとして
$$a^i = a^j$$
の両辺に a^{-i} を右からかけると
$$a^{i-i} = a^{j-i},$$
すなわち
$$a^{j-i} = e$$
となるが，$j - i$ は正の整数だから，もし a が無限位数のときは
$$\cdots, \ a^{-3}, \ a^{-2}, \ a^{-1}, \ a^0, \ a^1, \ a^2, \ a^3, \ \cdots$$
の中にダブリが無いことが分かる．

109　　　　　　　　　　　　　　　　　　　　　　　　　7 日目●巡回群

沙織　a が無限位数なら $j-i$ が正の整数なのに
$$a^{j-i} = e$$
となってしまうことはありませんからね．

和尚　そう．したがってつぎのことが分かる．

> 群 G の元 a が無限位数ならば，$\langle a \rangle$ は無限群である．

和尚　つぎに a の位数が有限の場合を考えよう．a の位数を k とする．

沙織　ということは，a は k 乗してはじめて単位元 e になる，という意味ですね．

和尚　そう．このとき，k 個の元
$$e, a, a^2, \cdots, a^{k-1}$$
の中にダブリは無い．

沙織　もしダブってたと仮定すると，ある i, j に対して
$$a^i = a^j, \quad 0 \leqq i < j \leqq k-1$$
となるはずだけど，そうすると
$$a^{j-i} = e, \quad 1 \leqq j-i \leqq j \leqq k-1$$
となって「a は k 乗してはじめて e になる」ことに矛盾します．

和尚　その通りだ．したがって
$$\{e, a, a^2, \cdots, a^{k-1}\}$$
は k 個の元から成る集合になる．

もえ　ダブリが無いから，元の個数は k ですね．

和尚　一方，$\langle a \rangle$ の元は a^n の形（n は整数）に書けるが，n を k で割って商を q，余りを r とすると
$$n = kq + r, \quad 0 \leqq r < k$$
となるから，
$$a^n = a^{kq+r} = a^{kq} a^r = (a^k)^q a^r = e^q a^r = a^r,$$

すなわち
$$a^n = a^r, \quad 0 \leq r \leq k-1$$
となる.

沙織　k で割るから，余りは k より小さくなるわけですね．

和尚　そう．したがって $\langle a \rangle$ のすべての元は
$$a^0, \ a^1, \ a^2, \ \cdots, \ a^{k-1}$$
のどれかになる．

もえ　てことは,
$$a^0 = e, \quad a^1 = a$$
だから
$$\langle a \rangle = \{e, \ a, \ a^2, \ \cdots, \ a^{k-1}\}$$
ということですね．

和尚　その通り．右辺の集合は，さっき示したように，k 個の元から成る．したがって巡回部分群 $\langle a \rangle$ の位数は k であることが分かる．記号で書くと
$$|\langle a \rangle| = k.$$

沙織　群の位数というのは群に属する元の個数のことで，群 G の位数を $|G|$ で表すんでしたね．

和尚　無限位数の場合も含めて，つぎのようにまとめておこう.

群 G の元 a の位数は，巡回部分群 $\langle a \rangle$ の位数に一致する．

● 巡回群の部分群

和尚　巡回群の部分群がどんな群になるかを考えよう．

もえ　まったくのヤマカンなんですけど，巡回群の部分群はやっぱり巡回群になるんじゃないかって気がします．

和尚　なるほど．もえのヤマカンが当たっているかどうか，調べてみよう．G を巡回群，a をその生成元とする．すなわち，

$$G = \langle a \rangle$$

とする．H を G の部分群とする．

もえ　H は巡回群になりますよ，きっと．

和尚　さてどうかな．まず H が単位群の場合，すなわち

$$H = \{e\}$$

の場合は，

$$H = \{e\} = \langle e \rangle$$

となるから，H は（e を生成元とする）巡回群になる．

もえ　やっぱり！

和尚　そこで H が単位群でない場合を考えよう．H が単位群でなければ，e 以外の元が少なくとも 1 つ H に属する．H の元は $G = \langle a \rangle$ の元でもあるから，その元は a^M（M は整数）の形になって，しかも M は 0 でない（$a^0 = e$ だから）．H は部分群だから，a^M の逆元 $(a^M)^{-1} = a^{-M}$ も H に属する．M は 0 でないから，M と $-M$ のどちらか一方は正の整数になる．

沙織　つまり

$$a^1,\ a^2,\ a^3,\ \cdots$$

という G の元の列の中に，H に属するものが必ず出てくる，というわけですね．

和尚　その通りだ．そこで

$$a^1,\ a^2,\ a^3,\ \cdots$$

の中で最初に H に属するものを a^k とする．すると

$$H = \langle a^k \rangle$$

となってしまうのだ．

もえ　やっぱり H は巡回群だ！

和尚 まだ早い．なぜ

$$H = \langle a^k \rangle$$

となるかだが，まず H が部分群で a^k が H の元だから，$\langle a^k \rangle$ の元はすべて H の元になる．逆に x を H の元とすると，H の元は $G = \langle a \rangle$ の元でもあるから

$$x = a^n$$

と書ける（n はある整数）．ここで n を k で割って商を q，余りを r とすると

$$n = kq + r, \quad 0 \leqq r < k$$

となる．したがって

$$x = a^n = a^{kq+r} = (a^k)^q a^r,$$

すなわち

$$x = (a^k)^q a^r.$$

ここで $(a^k)^q$ は H の元だからその逆元も H の元．それを上の式の左からかけると，x は H の元だから，a^r が H の元になる．r は n を k で割った余りで，

$$0 \leqq r < k$$

という不等式を満たしている．

沙織 もし r が 0 でないと仮定すると

$$0 < r < k$$

となりますが，これは

$$a^1, a^2, a^3, \cdots$$

の中で最初に H に属するものを a^k としたのにそれより前に a^r が H に属してしまうので，矛盾が出ちゃいます．

和尚 その通りだ．したがって

$$r = 0, \quad n = kq + r = kq$$

となって，H の元
$$x = a^n = a^{kq} = (a^k)^q$$
は $\langle a^k \rangle$ に属することが分かる．

もえ なるほど．H の元はすべて $\langle a^k \rangle$ に属し，逆に $\langle a^k \rangle$ の元はすべて H に属するので，
$$H = \langle a^k \rangle$$
となって，やっぱり H は巡回群だ！

和尚 もえのヤマカンは正しかったぞ．

巡回群の部分群はすべて巡回群である．

もえ あのー，初歩的な質問で申し訳ないんですけど，n を k で割って
$$n = kq + r, \quad 0 \leqq r < k$$
となるところがイマイチぴんと来ないんです．

和尚 そうか．n は整数，k は正の整数だ．「数直線」の上で $\dfrac{n}{k}$ という数を考えると，

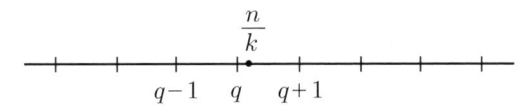

不等式
$$q \leqq \frac{n}{k} < q+1$$
を満たす整数 q がただ 1 つ定まる．それは分かるか？

もえ はい，分かります．

和尚 k は正なので，
$$q \leqq \frac{n}{k} < q+1$$
の各辺に k をかけて
$$kq \leqq n < k(q+1).$$
各辺から kq を引くと

$$0 \leqq n - kq < k$$

となるから,
$$r = n - kq$$
と置けば
$$n = kq + r, \quad 0 \leqq r < k$$
となるのさ.

もえ いやあ, 目からウロコです! ありがとうございました.

◉ 加法群の場合

和尚 加法群というのは, アーベル群 (交換法則 $ab = ba$ が成り立つ群) の演算を積ではなく和 $a + b$ で表したもののことだった.

沙織 単位元を e ではなく 0 で, a の逆元を $-a$ (a の負元という) で表すんでしたね.

和尚 そう. 加法群のケースについて少し触れておこう.

n が整数のとき, a^n のことを加法群では na で表す. したがって
$$0a = 0, \quad (m+n)a = ma + na, \quad (mn)a = m(na)$$
が成り立ち (m, n は整数). 巡回部分群については
$$\langle a \rangle = \{\cdots, -3a, -2a, -a, 0, a, 2a, 3a, \cdots\}$$
となる.

もえ 積と和がごっちゃになって混乱しそうだな.

和尚 慣れればどーってことないよ. 今日はここまでにしておこう.

もえ 抽象的な話だったけど, そのわりには分かりやすかったです.

和尚 頼もしいな. 宿題を出しておくから明日までにやっておきなさい.

もえ はーい. どうもありがとうございました.

沙織 失礼しまーす.

和尚 気をつけてお帰り.

●**宿題7**
対称群 S_3 の巡回部分群は全部で何個あるか.

● 8日目

正規部分群

●宿題 7 の答　$\{(1)\}$，$\{(1),(1\ 2)\}$，$\{(1),(1\ 3)\}$，$\{(1),(2\ 3)\}$，$\{(1),(1\ 2\ 3),(1\ 3\ 2)\}$ の 5 個.

もえ　宿題の解説をお願いします.

和尚　S_3 の 6 個の元は

$$\begin{pmatrix}1\ 2\ 3\\1\ 2\ 3\end{pmatrix}=(1), \qquad \begin{pmatrix}1\ 2\ 3\\1\ 3\ 2\end{pmatrix}=(2\ 3),$$

$$\begin{pmatrix}1\ 2\ 3\\2\ 1\ 3\end{pmatrix}=(1\ 2), \qquad \begin{pmatrix}1\ 2\ 3\\2\ 3\ 1\end{pmatrix}=(1\ 2\ 3),$$

$$\begin{pmatrix}1\ 2\ 3\\3\ 1\ 2\end{pmatrix}=(1\ 3\ 2), \qquad \begin{pmatrix}1\ 2\ 3\\3\ 2\ 1\end{pmatrix}=(1\ 3)$$

となるからすべて巡回置換で,

$$S_3=\{(1),(1\ 2),(1\ 3),(2\ 3),(1\ 2\ 3),(1\ 3\ 2)\}$$

となる.

S_3 の巡回部分群が全部で何個あるか，という問題だが，巡回部分群

は $\langle a \rangle$ という形の部分群（a は S_3 の元）だから，S_3 の巡回部分群は

$$\langle (\,1\,) \rangle, \quad \langle (\,1\,2\,) \rangle, \quad \langle (\,1\,3\,) \rangle,$$
$$\langle (\,2\,3\,) \rangle, \quad \langle (\,1\,2\,3\,) \rangle, \quad \langle (\,1\,3\,2\,) \rangle$$

ですべて尽くされる．

沙織 ダブリがあるかどうか．

和尚 そう．そこで集合としてそれぞれどうなってるかを調べると，

$$\langle (\,1\,) \rangle = \{(\,1\,)\},$$
$$\langle (\,1\,2\,) \rangle = \{(\,1\,), (\,1\,2\,)\},$$
$$\langle (\,1\,3\,) \rangle = \{(\,1\,), (\,1\,3\,)\},$$
$$\langle (\,2\,3\,) \rangle = \{(\,1\,), (\,2\,3\,)\},$$
$$\langle (\,1\,2\,3\,) \rangle = \{(\,1\,), (\,1\,2\,3\,), (\,1\,3\,2\,)\},$$
$$\langle (\,1\,3\,2\,) \rangle = \{(\,1\,), (\,1\,3\,2\,), (\,1\,2\,3\,)\}$$

となる．最後の 2 つは集合として等しい（属する元が同じ）．すなわち

$$\langle (\,1\,2\,3\,) \rangle = \langle (\,1\,3\,2\,) \rangle.$$

ダブっているのはこれだけなので，S_3 の巡回部分群は全部で 5 個だと分かる．

もえ なるほど．納得しました．

和尚 抽象的な話が続いたので，アタマをリフレッシュするために漢字クイズをやってみよう．何と読むか分かるかな？

花や植物の名前だ．
(1) 薔薇　　(2) 紫陽花
(3) 向日葵　(4) 躑躅
(5) 百日紅

沙織 いきなり具体的になりましたね．でもムズカシイ！ (1) は「ばら」でしょ．これは分かるけど，あとは全然読めません．

もえ ささやかな優越感··· (2) は「あじさい」ですよ．

沙織　これであじさいって読むの？　「しようか」かと思った…

もえ　(3) は「日に向かって」だから「ひまわり」です．

沙織　なるほど．(4) はスゴイ漢字だね．なんだかドクロみたいできもちわるい．

もえ　これは，「つつじ」と読むんですよ．知らなかったの？

沙織　すごーい！　もしかしてもえは漢字博士だったの？　尊敬しちゃうな．

もえ　ところが残念なことに最後の (5) が読めないのよ．どっかで見たことがあるような気はするんだけど．

和尚　もえは江戸っ子だから，落語は詳しいんじゃないか？

もえ　落語ですか？　大好きです．古典落語はほとんど知ってます．

和尚　落語に出てくる俳句で，「狩人に」で始まるのがあっただろ？

もえ　落語に出てくる俳句？　何だろう．あ，分かった！

　　　狩人に　追っかけられて　さるすべり

ですよね．てことは (5) は「さるすべり」だ！

和尚　そうだ．漢字クイズの答はつぎの通り．
　　（１）　ばら　　　　（２）　あじさい
　　（３）　ひまわり　　（４）　つつじ
　　（５）　さるすべり

● 左剰余類

和尚　G を群として，H をその部分群とする．H を使って G をいくつかのクラスに分割するという話だ．学校の生徒（元）をクラスに分けるようなイメージかな．

もえ　へえー，おもしろそうですね．

和尚　ちょっとややこしいぞ．まず

$$aH$$

という記号を説明しよう．G の元 a に対して，ah ($h \in H$) という形の元全体の集合を aH で表す．

沙織　a と H の元の積全体のつくる集合を aH で表すわけですね．

和尚　そう．つぎに**左剰余類**という言葉を定義する．

> 集合 C が群 G の部分群 H による左剰余類であるとは，ある G の元 a に対して $C = aH$ となることである．このとき元 a を左剰余類 C の**代表元**という．

和尚　なんだか法律の文章みたいで分かりにくいかもしれんな．

沙織　群 G とその部分群 H が与えられてるとしますよね．群 G の元 a を 1 つとると，集合 aH が定まります．a を G の中でぐるぐる動かすと，集合 aH がたくさん出てくる．その集合 aH の 1 つ 1 つを「左剰余類」と呼ぶわけですか？

和尚　その通り．さっき言った「G のクラス分け」で，左剰余類の 1 つ 1 つが「クラス」に相当するものになる．

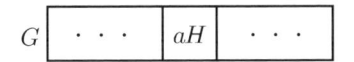

$$G \boxed{\quad \cdots \quad \big| \quad aH \quad \big| \quad \cdots \quad}$$

a という元は左剰余類 aH に属している．なぜなら，単位元 e は H に属するから，

$$a = ae \in aH$$

となるのだ．

沙織　左剰余類

$$C = aH$$

の代表元 a は C に属している，ということは，C をクラスにたとえると，代表元 a は「クラス代表」みたいなものでしょうか？

和尚　まあそうだな．しかし奇妙なことに，クラス代表はクラスのメンバーなら誰でもいいのだ．

もえ　誰でもいい？

和尚　例題をやってみよう．

●例題1　C を G の H による左剰余類の1つとするとき，C に属する任意の元 b に対して
$$C = bH$$
となる．このことを証明せよ．

もえ　クラス代表は誰でもいいのか．なんだかヘンなの！

和尚　とにかくまず
$$C = bH$$
となることを証明してみよう．

沙織　C は左剰余類だから，ある G の元 a によって
$$C = aH$$
と書けるでしょ．だから
$$aH = bH$$
が言えればいいのよ．

もえ　それが言えれば $C = bH$ がでる．そうだね．

沙織　b は C に属する元だから，
$$C = aH$$
によって aH にも属するでしょ．てことは
$$b = ah_0, \quad h_0 \in H$$
と書けるじゃない．

もえ　ちょっと待って．b は集合 aH の元だから，a と H の元 h_0 の積で表せるのか．そうだね．

沙織 そうすると，集合 bH の元は $bh\ (h \in H)$ の形だから，
$$bh = (ah_0)h = a(h_0h) \in aH$$
となるでしょ？

もえ h_0h が H の元だから，そうだね．

沙織 集合 bH の元はすべて集合 aH に属する．逆に集合 aH の元は $ah\ (h \in H)$ の形だから，
$$ah = ah_0h_0^{-1}h = bh_0^{-1}h \in bH$$
となって集合 bH に属する．

もえ えーと，
$$b = ah_0$$
で，$h_0^{-1}h$ は H の元だからか．なるほど．

沙織 したがって
$$aH = bH$$
が言えるので，
$$C = aH = bH$$
となります．

和尚 正解だ．

●例題 1 の答　$C = aH$ と書ける（a は G のある元）．$b \in C$ より，$b = ah_0,\ h_0 \in H$ と表すことができる．任意の $h \in H$ に対して，
$$ah = ah_0h_0^{-1}h = bh_0^{-1}h \in bH, \quad bh = ah_0h \in aH.$$
したがって $aH = bH$, $C = aH = bH$. □

和尚 もう 1 つ例題をやってみよう．

●例題 2　C_1 と C_2 をともに G の H による左剰余類とするとき，$C_1 = C_2$ であるか，または C_1 と C_2 は共通の元を 1 つも持たない．このことを証明せよ．

もえ　えーっ，なんだこりゃ？　意味がよく分からない．

沙織　左剰余類は「クラス」に相当するものだから，同じ生徒（元）が 2 つの違うクラスに属することは無いってことじゃない？

もえ　そうかそうか．$C_1 = C_2$ であるときは C_1 と C_2 が同じクラスで，そうでないときは（C_1 と C_2 は違うクラスだから）C_1 と C_2 の両方に属する生徒（元）はいないってことだね．でもどうやって証明するの？

沙織　そうだなあ．2 つのクラス C_1 と C_2 に共通の生徒（元）が 1 人でもいたら，じつは C_1 と C_2 はもともと同じクラス（$C_1 = C_2$）だってことを言えばいいんじゃないかな．

もえ　なるほど．

沙織　そこで C_1 と C_2 が共通の元 b を持ったとすると，b は左剰余類 C_1 に属し，また b は左剰余類 C_2 にも属するから，例題 1 を用いて，

$$C_1 = bH, \qquad C_2 = bH$$

となるでしょ．だから $C_1 = C_2$ となります．

和尚　正解だ．

●例題 2 の答　C_1 と C_2 が共通の元を持ったとしてその 1 つを b とすれば，$b \in C_1$ より $C_1 = bH$（例題 1），また $b \in C_2$ より $C_2 = bH$（例題 1）．したがって $C_1 = C_2$．このことから，$C_1 = C_2$ でないときは C_1 と C_2 が共通の元を持たないことが分かる．　□

もえ　左剰余類の1つ1つが「クラス」に相当する──なんとなくイメージが見えてきました.

● 部分群の指数

和尚　引き続き，G を群として，H をその部分群とする．左剰余類は aH という形の集合のことだから，a として G の単位元 e をとれば，H 自身も1つの左剰余類になる（$H = eH$）.

もえ　H も1つの「クラス」になるわけですね.

和尚　G の H による左剰余類が全部で何個あるか，その個数を

$$(G : H)$$

という記号で表し，H の G における**指数**という.

沙織　個数を数えるとき，集合として等しければ「同じもの」と考えるわけですね.

和尚　その通り．指数 $(G : H)$ は有限のことも，無限のこともある.

もえ　クラスが全部でいくつあるか，その個数のことか‥‥

和尚　G の元 a は aH という左剰余類に属する（$a = ae, e \in H$）から，集合としての G はいくつかの左剰余類に「分割」されることになる.

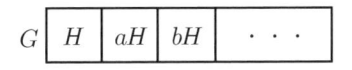

$$G \mid H \mid aH \mid bH \mid \cdots$$

沙織　例題2で確かめたように，異なる左剰余類は共通の元を持ちませんからね.

和尚　その通りだ.

もえ　G の生徒（元）たちが全部で $(G : H)$ 個のクラス（左剰余類）に分かれるわけですが，それぞれのクラスの人数（元の個数）はどうなってるんでしょうか？

和尚　いい質問だ．まず a が G の元で h と h' が H の元のとき，

$$ah = ah'$$

となるのはどういう場合かを考えると，この式の左から a の逆元 a^{-1} をかけて

$$a^{-1}(ah) = a^{-1}(ah'),$$
$$(a^{-1}a)h = (a^{-1}a)h',$$
$$eh = eh',$$
$$h = h'$$

となることから，h と h' が異なるときは ah と ah' も異なることが分かる．H が有限群（元の個数が有限である群）であるとき，H の元を1つずつ

$$h_1, \ h_2, \ h_3, \ \cdots$$

と数えていくと，左剰余類 aH の元も

$$ah_1, \ ah_2, \ ah_3, \ \cdots$$

ともれなく数えることができて，しかも（数え方に）ダブリがない．したがって左剰余類 aH に属する元の個数は H の位数 $|H|$ に等しい．

沙織　群の位数というのは，その群に属する元の個数のことで，G の位数を $|G|$ という記号で表すのでしたね．

和尚　そうだ．G が有限群のときは部分群 H も有限群で，$(G:H)$ 個の左剰余類はすべて $|H|$ 個の元から成る．したがってつぎのことが分かる．

G が有限群で H が G の部分群のとき，
$$|G| = (G:H)|H|$$
が成り立つ．

和尚　これをラグランジュの定理と呼ぶことがある．

もえ　G の生徒たちが $|H|$ 人ずつ，$(G:H)$ 個のクラスに分かれるって感じですね．イメージ的にはよく分かりました．

和尚　有限群の位数が何であるかは，その群の構造を知る上で大切な情報になる．有限群の部分群の位数についてつぎのことが分かる．

有限群 G の部分群の位数は G の位数の約数である．

沙織　G の部分群を H とすると
$$|G| = (\,G:H\,)|H|$$
が成り立ち，$|G|$ も $|H|$ も $(\,G:H\,)$ も正の整数なので，H の位数 $|H|$ は G の位数 $|G|$ の約数になりますね．

和尚　その通りだ．

●元の位数と群の位数

和尚　G を有限群として，a を G の元とする．「a の位数」とは何だったかな？

もえ　えーと，
$$a^1,\ a^2,\ a^3,\ \cdots$$
という G の元の列の中で最初に単位元になるのが
$$a^k = e$$
のとき，k を a の**位数**といいます．

沙織　きのう学んだことですが，a の位数は巡回部分群 $\langle a \rangle$ の位数に一致します．

和尚　そうだ．$\langle a \rangle$ は G の部分群だから，その位数は G の位数 $|G|$ の約数になる．そこでつぎのことが分かる．

有限群 G の元 a の位数は G の位数 $|G|$ の約数である．したがって a を $|G|$ 乗すると単位元になる．

もえ　a を $|G|$ 乗すると単位元になるというのは？

125　　　　　　　　　　　　　　　　　　　　8 日目●正規部分群

和尚　aの位数をkとすると，kは$|G|$の約数だから
$$|G| = km$$
とかける（mは整数）．したがって，
$$a^{|G|} = a^{km} = (a^k)^m = e^m = e$$
となる．

もえ　なるほど．おもしろいなあ．

沙織　これもきのう学んだことですけど，Gが有限群なのでaが無限位数になることはないのですね．

和尚　その通り．

● 右剰余類

和尚　Hを群G（有限群とは限らない）の部分群とする．さっきはaH（aはGの元）の形の集合を「左剰余類」と呼んだが，今度はHaという集合を考えて，集合Ha（$a \in G$）の1つ1つを，GのHによる**右剰余類**と呼ぶ．

沙織　Haというのは，ha（$h \in H$）の形で表される（Gの）元全体のつくる集合のことですか？

和尚　その通り．Hの元とaとの積全体のつくる集合のことだ．

右剰余類についても左剰余類と同様の議論が成り立つことは容易に分かる．そしてGを右剰余類によって「クラス分け」することができる．

G | H | Ha | Hb | $\cdots$

Hが1つの「クラス」になるのは
$$H = He$$
が成り立つからだ．Hという「クラス」は左剰余類でも右剰余類でも共通に出てくるが，その他の「クラス分け」は左と右で一致する

とは限らない．例題をやってみよう．

●**例題 3**　対称群 S_3 の部分群 $H = \langle (1\ 2) \rangle$ による左剰余類と右剰余類を求めよ．

もえ　えーと，$(1\ 2)$ は互換だから 2 乗すると単位元 (1) になるので，集合としては

$$H = \langle (1\ 2) \rangle = \{(1), (1\ 2)\}$$

となるでしょ．左剰余類と右剰余類を直接計算するのかなあ．

沙織　前に S_3 の群表を作ったから，それを利用してみようよ．

	e	a	b	c	d	f
e	e	a	b	c	d	f
a	a	e	d	f	b	c
b	b	f	e	d	c	a
c	c	d	f	e	a	b
d	d	c	a	b	f	e
f	f	b	c	a	e	d

ここで，e, a, b, c, d, f はそれぞれ

$$e = \begin{pmatrix} 1\ 2\ 3 \\ 1\ 2\ 3 \end{pmatrix} = (1), \qquad a = \begin{pmatrix} 1\ 2\ 3 \\ 1\ 3\ 2 \end{pmatrix} = (2\ 3),$$

$$b = \begin{pmatrix} 1\ 2\ 3 \\ 2\ 1\ 3 \end{pmatrix} = (1\ 2), \qquad c = \begin{pmatrix} 1\ 2\ 3 \\ 3\ 2\ 1 \end{pmatrix} = (1\ 3),$$

$$d = \begin{pmatrix} 1\ 2\ 3 \\ 2\ 3\ 1 \end{pmatrix} = (1\ 2\ 3), \qquad f = \begin{pmatrix} 1\ 2\ 3 \\ 3\ 1\ 2 \end{pmatrix} = (1\ 3\ 2)$$

となってました．

もえ　そうすると H は

$$H = \{(1), (1\ 2)\} = \{e, b\}$$

てことか．左剰余類を全部計算すると，

$$eH = \{e,\ b\},$$
$$aH = \{a,\ ab\} = \{a,\ d\},$$
$$bH = \{b,\ b^2\} = \{b,\ e\} = \{e,\ b\},$$
$$cH = \{c,\ cb\} = \{c,\ f\},$$
$$dH = \{d,\ db\} = \{d,\ a\} = \{a,\ d\},$$
$$fH = \{f,\ fb\} = \{f,\ c\} = \{c,\ f\}$$

となりましたよ．へえーおもしろいなあ．左剰余類は

$$\{e,\ b\},\quad \{a,\ d\},\quad \{c,\ f\}$$

の3個です．

沙織 一方，右剰余類を全部求めると，

$$He = \{e,\ b\},$$
$$Ha = \{a,\ ba\} = \{a,\ f\},$$
$$Hb = \{b,\ b^2\} = \{b,\ e\} = \{e,\ b\},$$
$$Hc = \{c,\ bc\} = \{c,\ d\},$$
$$Hd = \{d,\ bd\} = \{d,\ c\} = \{c,\ d\},$$
$$Hf = \{f,\ bf\} = \{f,\ a\} = \{a,\ f\}$$

となるので，

$$\{e,\ b\},\quad \{a,\ f\},\quad \{c,\ d\}$$

の3個です．

和尚 S_3 の6個の元が H による左右の剰余類で2個ずつに分かれるのだが，分かれ方が違う．

S_3

e	a	f
b	d	c

左剰余類

S_3

e	a	f
b	d	c

右剰余類

128

もえ　なーるほど．$H=\{e,b\}$ は左右共通だけど，それ以外は左と右で「クラス分け」が違ってますね．

●例題 3 の答　左剰余類は $\{(1),(1\ 2)\}$, $\{(2\ 3),(1\ 2\ 3)\}$, $\{(1\ 3),(1\ 3\ 2)\}$；右剰余類は $\{(1),(1\ 2)\}$, $\{(2\ 3),(1\ 3\ 2)\}$, $\{(1\ 3),(1\ 2\ 3)\}$

● 用語の不統一

和尚　ここでは，aH を左剰余類，Ha を右剰余類と呼んだが，じつは逆に Ha を左剰余類，aH を右剰余類と定義する流儀もあるので注意を要する．専門的な数学にしばしば見られる「記号・用語の不統一」の一例だが，初めて学ぶ者にとっては迷惑千万な話だ．

沙織　楽譜のように世界共通のものはできないんでしょうか？

和尚　数学者にそれを期待するのはまず無理だろう．

● 正規部分群

和尚　群 G を部分群 H で剰余類に分割するとき（クラス分けをするとき），左剰余類を使うのと右剰余類を使うのとでは結果が異なることがある（例題3）．しかし H が「正規部分群」のときは左剰余類と右剰余類が一致し，どちらを使っても同じクラス分けになるのだ．

もえ　正規部分群！　インパクトあるなあ．H が「正規」部分群…

和尚　ひわいなギャグを言うなよ．

もえ　だいじょぶです．そこまで下品じゃありません．

和尚　まず正規部分群の定義を述べる．

G を群とする．N が G の部分群であり，かつ G の元 g と N の元 n に対してつねに $g^{-1}ng \in N$ となるとき，N は G の正規部分群であるという．

もえ　うわあ，なんだこりゃ！

和尚　最初は複雑だと思うだろうが，一度記憶してしまうと意外に忘れないものだ．まず「正規部分群」という名前から「部分群」という条件は当然だろ？

もえ　まあそうですね．

和尚　あとは

$$g^{-1}ng \in N$$

という条件を記憶しておけばいいのさ．g は G の元，n は N の元だ．

もえ　同じローマ字の小文字と大文字だから忘れようがないってことか…

和尚　N は G の部分群だから，N の元 n は G の元でもある．

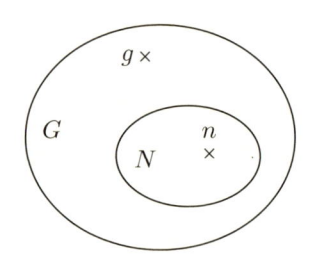

だからまず，$g^{-1}ng$ は G の元なのだ．それが（G より小さい）N に属する，というところがポイントだ．

沙織　もし g が N に属していたら，$g^{-1}ng$ は N の元になりますよね．

和尚　そうそう．たまたま $g^{-1}ng$ が N に入ってしまう，ということではなくて，「G のどんな元 g と N のどんな元 n に対してもつねに，$g^{-1}ng$ が N に属する」というのが正規部分群の条件なのだ．

沙織　Gがアーベル群だったら？

和尚　アーベル群というのは交換法則
$$ab = ba$$
が成り立つ群のことだから，Gがアーベル群ならば，
$$g^{-1}n = ng^{-1}, \quad g^{-1}ng = ng^{-1}g = ne = n$$
となる．nはもともとNの元だから
$$g^{-1}ng = n \in N.$$
したがってつぎのことが分かる．

アーベル群の部分群はすべて正規部分群である．

和尚　ふたたび（アーベル群とは限らない）一般の群Gにもどる．Gの「自明な部分群」とは何のことだったかな？

沙織　G自身と，単位群$\{e\}$のことです．

和尚　これらはGの正規部分群になる．なぜかな？

もえ　えーと，$N = G$のときは，
$$g^{-1}ng \in G = N$$
だから，GはGの正規部分群になります．

沙織　$N = \{e\}$のときは，Nの元はeしかないので，
$$g^{-1}ng = g^{-1}eg = g^{-1}g = e \in N$$
となって，$\{e\}$はGの正規部分群になります．

群Gの自明な部分群はどちらもGの正規部分群である．

和尚　具体的な例をやってみよう．対称群S_3において，巡回部分群
$$N = \langle (1\ 2\ 3) \rangle$$
が正規部分群かどうか，定義にしたがって判定してごらん．

もえ　えーと，N は S_3 の部分群だから，あとは S_3 の元 g と N の元 n に対して
$$g^{-1}ng \in N$$
が成り立つかどうか調べればいいのか．メンドクサイなあ．

沙織　S_3 の群表をもう一度使ってみよう．

	e	a	b	c	d	f
e	e	a	b	c	d	f
a	a	e	d	f	b	c
b	b	f	e	d	c	a
c	c	d	f	e	a	b
d	d	c	a	b	f	e
f	f	b	c	a	e	d

ただし，
$$e = (1), \quad a = (2\ 3), \quad b = (1\ 2),$$
$$c = (1\ 3), \quad d = (1\ 2\ 3), \quad f = (1\ 3\ 2).$$

もえ　そうすると
$$d^2 = f, \quad d^3 = e$$
だから，
$$N = \langle (1\ 2\ 3) \rangle$$
$$= \langle d \rangle$$
$$= \{e,\ d,\ f\}$$
となるわけか．

沙織　問題の
$$g^{-1}ng \in N$$
という判定条件だけど，g が N の元のときは自動的に成り立ってるし，n が e のときも
$$g^{-1}eg = g^{-1}g = e \in N$$
で OK でしょ．だから調べなきゃいけないのは

$$g = a,\ b,\ c\ ;\ n = d,\ f$$

の場合（6通り）だけだよ．

もえ なるほど．

沙織 群表を使って計算すると，

$$\begin{cases} a^{-1}da = ada = ba = f \in N \\ a^{-1}fa = afa = ca = d \in N \end{cases}$$

$$\begin{cases} b^{-1}db = bdb = cb = f \in N \\ b^{-1}fb = bfb = ab = d \in N \end{cases}$$

$$\begin{cases} c^{-1}dc = cdc = ac = f \in N \\ c^{-1}fc = cfc = bc = d \in N \end{cases}$$

となって，どの場合も

$$g^{-1}ng \in N$$

が成り立ってます．

もえ したがって N は S_3 の正規部分群になります．

和尚 その通り．

$$\langle (1\ 2\ 3) \rangle = \{(1),\ (1\ 2\ 3),\ (1\ 3\ 2)\}$$

は S_3 の正規部分群になる．

一方で

$$\langle (1\ 2) \rangle = \{(1),\ (1\ 2)\}$$

は S_3 の部分群になるが，正規部分群にはならない．なぜかな？

沙織 さっきの群表を使うと，

$$\langle (1\ 2) \rangle = \{e,\ b\}$$

ですけど，たとえば

$$a^{-1}ba = aba = da = c$$

は $\langle (1\ 2) \rangle$ に属しません．

もえ なるほどねえ．おもしろいなあ．

● 商群

和尚　前にもちょっと触れたが，正規部分群では左右の剰余類が一致する．

N が群 G の正規部分群ならば，G の任意の元 a に対して
$$aN = Na$$
が成り立つ．

和尚　なぜ $aN = Na$ となるか分かるかな？

もえ　えーと，aN と Na が集合として同じものであることを言えばいいんだから，集合 aN の元がすべて集合 Na に属すること，また逆に集合 Na の元がすべて集合 aN に属することを確かめればいいんです．

和尚　その通りだ．ではなぜそうなるのかな？

もえ　それは沙織に訊いてください．

沙織　ウーン．ヒント無しですか？

和尚　ヒントは
$$na = aa^{-1}na, \quad an = ana^{-1}a$$
かな．

沙織　分かりました，たぶん．なぜ
$$aN = Na$$
となるかですけど，まず集合 aN の元は an $(n \in N)$ という形に表せるので，
$$an = ana^{-1}a = (a^{-1})^{-1}na^{-1}a \in Na$$
となります．ここで
$$(a^{-1})^{-1}na^{-1} \in N$$
となるからです（N は G の正規部分群で $a^{-1} \in G, n \in N$）．したがって集合 aN の元はすべて Na に属します．逆に集合 Na の元は

$na\ (n \in N)$ という形に表せるので，
$$na = aa^{-1}na \in aN$$
となります．N が G の正規部分群なので
$$a^{-1}na \in N$$
となるからです．したがって集合 Na の元はすべて aN に属します．
$$aN = Na$$
であることが確かめられました．

もえ お見事！

和尚 したがって正規部分群では左剰余類と右剰余類が一致するから，それらを単に**剰余類**という．

もえ 左か右かでまぎらわしくなくてスッキリしますね．

和尚 N を群 G の正規部分群とするとき．G の N による剰余類の 1 つ 1 つを「元」と考えて，剰余類全体のつくる集合を
$$G/N$$
という記号で表す．

もえ ちょっと待ってください．たとえば G が N によって 3 つのクラス（剰余類）N, aN, bN に分かれるとしますよね．

$$G\ \boxed{\ N\ |\ aN\ |\ bN\ }$$

そうすると G/N っていうのは「クラス」を元とする集合だから
$$G/N = \{N,\ aN,\ bN\}$$
ということですか？

和尚 そうだ．

もえ なんだかヘンなの！

沙織 G/N の各元は剰余類という集合だから，G/N は「集合の集合」ですね？

和尚 その通り．

もえ フクザツだなあ．直観的に分かりにくいよ．

和尚 そして集合 G/N につぎの方法で積を定義する．
$$(aN)(bN) = abN.$$

もえ 「代表 a のクラス」と「代表 b のクラス」の積を「代表 ab のクラス」とするわけですね．それは分かりますけど，でもクラス代表はクラスのメンバーなら誰でもいいんですよね（例題 1）．

和尚 その通り．だからつぎのことを確かめておく必要がある．
「$aN = a'N$ かつ $bN = b'N$」ならば $abN = a'b'N$．

これはどうしてかな？

沙織 まず
$$aN = a'N, \quad bN = b'N$$
とすると，
$$a' \in aN, \quad b' \in bN$$
から
$$a' = an_1, \quad b' = bn_2 \quad (n_1, n_2 \in N)$$
と表されます．そうすると
$$a'b' = an_1bn_2 = abb^{-1}n_1bn_2 \in abN$$
となります．なぜなら，N は G の正規部分群で $b \in G$, $n_1 \in N$ より $b^{-1}n_1b \in N$ となるからです．$a'b'$ が剰余類 abN に属するので
$$abN = a'b'N$$
となります（例題 1）．

もえ なるほど．a と a' が同じクラス，b と b' が同じクラスなら，ab と $a'b'$ も同じクラスってことか…

和尚 集合 G/N に
$$(aN)(bN) = abN$$

によって積が定義されるわけだが，この積に関して G/N は群になる．この群を G の N による**商群**という．

もえ　ショウグンですか？

和尚　徳川吉宗じゃないぞ．

もえ　先に言われてしまった・・・

和尚　なぜ G/N が群になるかは宿題にしておいて，今日はここまでにしよう．

もえ　いやあ，盛り沢山でかなり疲れました．でもなんだか知らないけどスゴイやる気が出てきましたよ．明日もがんばります！

沙織　どうもありがとうございました．失礼します．

和尚　気をつけてお帰り．

●宿題 8

（1）群 G の元 a, b が $ab = ba$ を満たすとき，a は b と「交換可能」であるという．G のすべての元と交換可能であるような（G の）元全体のつくる集合を C とすれば，C は G の正規部分群となることを示せ．

（2）N が群 G の正規部分群のとき，集合 G/N に
$$(aN)(bN) = abN$$
で積を定義すれば，G/N は群になることを示せ．

（3）有限群 G の位数が素数ならば，G は巡回群であることを示せ．

● 9日目

準同形写像

●宿題 8 の答　（1）まず C が G の部分群であることを示す.
（ⅰ）積に関して閉じていること. $a, b \in C$ ならば a も b も G のすべての元と交換可能だから，G の任意の元 g に対して $(ab)g = a(bg) = a(gb) = (ag)b = (ga)b = g(ab)$. ab は g と交換可能で，したがって $ab \in C$. （ⅱ）単位元. G の任意の元 g に対して $eg = ge(= g)$ だから $e \in C$. （ⅲ）逆元. $a \in C$ とする. g を G の任意の元とするとき，$ag = ga$ の左から a^{-1} をかけ，つぎに右から a^{-1} をかけると，$ga^{-1} = a^{-1}g$. したがって $a^{-1} \in C$. 以上 (ⅰ), (ⅱ), (ⅲ) より C は G の部分群である. また G の元 g と C の元 c に対して，$g^{-1}cg = (g^{-1}c)g = (cg^{-1})g = c(g^{-1}g) = ce = c \in C$ となるから，C は G の正規部分群である（C を群 G の**中心**という）.　□

（2）G/N の積 $(aN)(bN) = abN$ が代表元のとり方によらないことはすでに示してある. （ⅰ）結合法則.
$$((aN)(bN))(cN) = (abN)(cN) = abcN = (aN)(bcN)$$

$$= (aN)\bigl((bN)(cN)\bigr).$$

（ⅱ）単位元の存在．$N(=eN)$ は単位元である．実際，$(aN)(eN) = aeN = aN$, $(eN)(aN) = eaN = aN$. （ⅲ）逆元の存在．$(aN)(a^{-1}N) = aa^{-1}N = eN$, $(a^{-1}N)(aN) = a^{-1}aN = eN$ より，$a^{-1}N$ は aN の逆元である．（ⅰ），（ⅱ），（ⅲ）より，G/N は群となる．　　□

（3）$|G| = p$ とすると，素数の定義から $p > 1$ である．G の位数が 1 より大きいから，G には単位元以外の元が少なくとも 1 つある．そこで $a \in G$, $a \neq e$ とすれば，巡回部分群 $\langle a \rangle$ の位数は 1 より大きい．一方，$\langle a \rangle$ の位数は G の位数の約数である（「部分群の指数」のところを参照）．G の位数 p は素数だから，$\langle a \rangle$ の位数は（1 より大きいので）p になる．$\langle a \rangle$ の元はすべて G の元でもあるから，集合 $\langle a \rangle$ は集合 G に一致し，$G = \langle a \rangle$ は巡回群である．　　□

沙織　和尚さまのお好きな季節はいつですか？

和尚　そうだなあ．紅葉の秋もいいが，やはり桜の季節が一番だ．

もえ　桜がお好きなんですか？

和尚　もちろん！　桜というのは不思議な木で，いきなり花が咲いて，満開になるとすぐ花が散って，あとから葉っぱがたくさん出てくる．

もえ　そういえばそうですね．

和尚　葉っぱにもいろんな形があって，ワシの考えでは全部で 64 種類ある．

もえ　64 種類も？

和尚　そう．はっぱ 64（$8 \times 8 = 64$）と言われている．

沙織　ギャハハハ！　さっそく出ましたね！

和尚　その葉っぱも冬になると全部落ちてしまって，あとは枝だけが残る．なんとも頼りなくて，あるんだか無いんだか分からない存在感の無い木になってしまう．

もえ　確かに！　冬は桜の木がどこにあったのか，分からなくなっちゃいますね．

和尚　それが春になっていきなり花が咲き，満開になって大変身したときは，心の中で大拍手をしてしまう．満開の桜は見事なものだ．

もえ　わかるわかる！

和尚　満開の桜に出会うと指を折って数えてしまう．一，十，百，千，万かい？

沙織　ギャハハハ！

和尚　寒い冬が終わって桜が咲くと「桜がさくらー！」と叫びたくなる．なんだかコーフンして「さくらん状態」になるだろ？

沙織　ギャハハハ！

もえ　続きますねえ．

和尚　左利きの人がお花見に行く街はどこだか知ってるか？

もえ　左利きの人ですか？　いやあ分かりません．

和尚　左利きの人は「ぎっちょ」と言うだろ？　だから「さくらぎっちょ」だ．

もえ　は？

和尚　さくらぎっちょ！

もえ　あ，桜木町だ！

沙織　桜づくし，おそれいりました！

● 写像

和尚　今日は写像の話だが，ここは一般の人（数学オタクじゃない人）にとって，ちょっと難しいところだぞ．

もえ　写像（しゃぞう）ですか．しゃぞムズカシイでしょうね！

和尚　もえのギャグにしては上出来だな．

沙織　大学の講義でもよく出てきますけど，どうもしっくり来ないというか，なんかキモチわるいですね．

和尚　ワシが大学の教官をしていたころ，写像の概念は重要だと思ってそこだけを取り出して1年生に教えてみたが，結果は大失敗だった．おそらく一般の人の脳は写像の概念をすんなり受け入れるようにはできていないのだろう．

沙織　抽象的すぎて頭に何も残らないって感じですね．

和尚　微積分で

$$f(x)$$

という記号が出てきたのをおぼえているか？

もえ　もちろんです．去年の夏，和尚さまに教えていただきました．

和尚　ならば話がしやすい．
　　　X と Y をともに集合とする．X と Y は異なる集合（$X \neq Y$）であってもよいし，同じ集合（$X = Y$）であってもよい．

沙織　ふんふん，なるほど．

和尚　集合 X の元 x を1つ決めると，集合 Y の元 $f(x)$ が定まるとする．このとき f は**集合 X から集合 Y への写像**であるといい，

$$f : X \longrightarrow Y$$

という記号で表すのだ．

もえ　うわあ，抽象数学アレルギーが出そうだわ！

和尚　写像を表す文字は f だけではない．たとえば，集合 X の元 x を決めると集合 Y の元 $g(x)$ が決まるのであれば，g は X から Y への写像で，

$$g : X \longrightarrow Y$$

ということになる．

沙織　どうもピンと来ないな…

和尚　X から Y への写像は，X の各元を Y の元に移す「規則」だと考えることもできる．

$$f : X \longrightarrow Y$$

のとき，X の元 x が f という規則によって Y の元 $f(x)$ に移される，と考えるわけだ．

沙織　なるほど．直観的にはその方が分かりやすいかもしれませんね．

● 準同形写像

和尚　つぎは準同形写像の話だ．
沙織　ギャハハハ，おっかしーい！
和尚　どうした？
もえ　大学の講義で準同形写像がよく出てくるんですけど…
沙織　先生がキョーレツなズーズー弁で…
もえ　「準同形」がどうしても「ずんどう形」に聞こえるんです．
和尚　「ずんどう形写像」か．なーるほど．
沙織　ギャハハハ！
和尚　準同形写像の定義はつぎの通り．

　　群 G_1 から群 G_2 への写像 f が準同形写像であるとは，G_1 の任意の元 x, y に対して
$$f(xy) = f(x)f(y)$$
が成り立つことである．

もえ　定義はスッキリしてるんですけどね．もうひとつピンと来ません．
和尚　そうかもしれんな．
$$f(xy) = f(x)f(y)$$
という条件の意味を説明しておこう．
もえ　お願いします．
和尚　「かけてから移しても，移してからかけても，結果は同じ」ということだ．
もえ　はあ…

和尚　x も y も xy（x と y の積）も，いずれも群 G_1 の元だ．

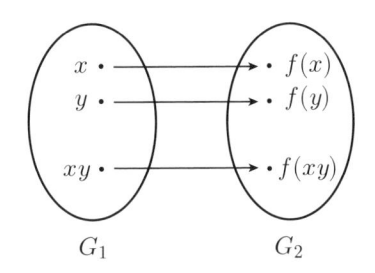

これらを写像 f で移すと $f(x)$, $f(y)$, $f(xy)$ となって，群 G_2 の元になる．G_2 において $f(x)$ と $f(y)$ という2つの元をかけたもの，すなわち $f(x)f(y)$ が，G_2 の元 $f(xy)$ に等しい，というわけさ．

沙織　かけてから移したのが $f(xy)$ で，移してからかけたのが $f(x)f(y)$ で，それらがいつでも一致するのが準同形写像．

和尚　その通りだ．

もえ　ふーん，なるほど…

和尚　例を示そう．

●例題1　G を群，N を G の正規部分群とする．群 G から商群 G/N への写像 f を
$$f(x) = xN$$
によって定義すれば，
$$f : G \longrightarrow G/N$$
は準同形写像であることを示せ．

もえ　うわあ，抽象数学の世界だ！　商群 G/N ていうのは，きのうやったばっかりだけど…

沙織 G の N による剰余類

$$aN \quad (a \in G)$$

全体の集合 G/N に，

$$(aN)(bN) = abN$$

で積を定義したもの．

もえ そうか．その積に関して G/N が群になるので，それを商群と呼んだんだ．思い出した．

沙織 f が準同形写像であることを示すには，G の任意の元 x, y に対して

$$f(xy) = f(x)f(y)$$

が成り立つことを言えばいいのよ．

もえ なるほど．でもさ，f の定義が

$$f(x) = xN$$

だから，

$$f(x)f(y) = (xN)(yN) = xyN$$

で，これは $f(xy)$ のことだから，

$$f(x)f(y) = f(xy)$$

が言えちゃうよ．

和尚 その通りだ．

●例題 1 の答　G の任意の元 x, y に対して，$f(xy) = xyN = (xN)(yN) = f(x)f(y)$ より $f(xy) = f(x)f(y)$ が成り立つから，f は準同形写像である． □

もえ なあんだ．問題の意味が分かればカンタンじゃん！

和尚 もう 1 つ，例題をやってみよう．

●例題 2　準同形写像は単位元を単位元に移し，逆元を逆元に移す．このことを証明せよ．

もえ　なにこれ？　問題の意味が分かんない．
和尚　説明しよう．G_1, G_2 をともに群とする．G_1 の単位元を e_1，G_2 の単位元を e_2 で表す（群が 2 つ出てくるので，e だとどっちの単位元だか分からない）．
$$f : G_1 \longrightarrow G_2$$
を準同形写像とするとき，
$$f(e_1) = e_2$$
が成り立つことを示せ（f は単位元を単位元に移す）というのが 1 つ．もう 1 つは，a を G_1 の任意の元とするとき，
$$f(a^{-1}) = (f(a))^{-1}$$
が成り立つ（f は逆元を逆元に移す）ことを示せ，という意味だ．
沙織　e_1 は G_1 の単位元だから，G_1 において
$$e_1 e_1 = e_1$$
が成り立つので，これを f で移すと
$$f(e_1)f(e_1) = f(e_1)$$
となりますね．$f(e_1)$ は G_2 の元だから，G_2 における $f(e_1)$ の逆元を右からかけて
$$f(e_1) = e_2$$
が出てきます．
もえ　なーるほど．単位元が単位元に移ってる．

沙織　a が G_1 の元のとき，G_1 において
$$aa^{-1} = e_1$$
なので，これを f で移すと
$$f(a)f(a^{-1}) = f(e_1) = e_2.$$
すなわち，G_2 において
$$f(a)f(a^{-1}) = e_2$$
となります．G_2 の元 $f(a)$ の逆元を左からかけると，
$$f(a^{-1}) = \bigl(f(a)\bigr)^{-1}$$
が出てきます．

和尚　正解だ．

●例題 2 の答　$f: G_1 \longrightarrow G_2$ を群 G_1 から群 G_2 への準同形写像とする．G_1, G_2 の単位元をそれぞれ e_1, e_2 とすると，$f(e_1) = f(e_1 e_1) = f(e_1)f(e_1)$ の右から $f(e_1)$ の逆元をかけて $e_2 = f(e_1)$. 単位元は単位元に移る．一方，a を G_1 の任意の元とすると，$e_2 = f(e_1) = f(aa^{-1}) = f(a)f(a^{-1})$ より $f(a^{-1}) = \bigl(f(a)\bigr)^{-1}$. □

●核と像

和尚　つぎに，準同形写像の核と準同形写像の像，この 2 つを説明しよう．

もえ　ますます抽象数学の世界に入りこんでいくみたいですね．

和尚　定義はつぎの通り．

$f: G_1 \longrightarrow G_2$ を群 G_1 から群 G_2 への準同形写像とする．G_1 の元で f によって G_2 の単位元に移されるもの全体の集合を f の核といい，**Ker** f で表す．また，G_2 の元で $f(x)$ $(x \in G_1)$ の形に表されるもの全体の集合を f の像といい，$f(G_1)$ または **Im** f で表す．

もえ　うわあ，目がまわってきた！

和尚　そんなに難しいことじゃないぞ．まず出発点は，G_1 と G_2 がともに群で，
$$f : G_1 \longrightarrow G_2$$
が準同形写像，ということだ．ここまではだいじょうぶか？

もえ　なんとか分かります．

和尚　f は写像だから，G_1 の各元が f によって G_2 の元に移されるわけだ．

もえ　なるほど．

和尚　G_2 の単位元を e_2 とする．G_1 の元 x で $f(x) = e_2$ となるもの全体の集合を $\mathrm{Ker}\, f$ で表し，f の核というのだ．すなわち，
$$\mathrm{Ker}\, f = \{x \in G_1 \mid f(x) = e_2\}$$
と書くこともできる．

沙織　G_1 の各元は写像 f によって G_2 の元にそれぞれ移されるけど，とくに G_2 の単位元に移されるものだけを全部集めてできる集合が「f の核」ですね．

和尚　その通りだ．一方，「f の像」のイメージは，こんなところかな．

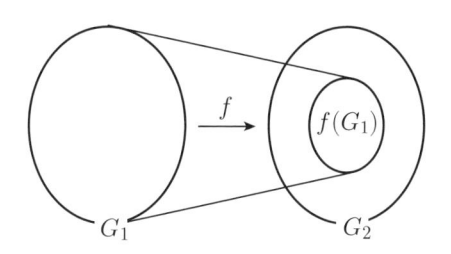

●例題 3　G_1 と G_2 をともに群として，$f : G_1 \longrightarrow G_2$ を準同形写像とする．（1）f の像 $f(G_1)$ は G_2 の部分群であることを示せ．

（2）f の核 $\mathrm{Ker}\, f$ は G_1 の正規部分群であることを示せ．

沙織 復習しときますね．G を群，H を G の元からなるある集合とするとき，H が G の部分群となるための条件は，
 (ⅰ) $x, y \in H \Longrightarrow xy \in H$
 (ⅱ) $e \in H$
 (ⅲ) $x \in H \Longrightarrow x^{-1} \in H$
がすべて成り立つことでした（e は G の単位元）．

もえ なるほど．$f(G_1)$ は G_2 の元からなる集合だから，例題の (1) はつぎの (ⅰ)，(ⅱ)，(ⅲ) を示せばいいんだ（e_2 は G_2 の単位元）．
 (ⅰ) $x, y \in f(G_1) \Longrightarrow xy \in f(G_1)$
 (ⅱ) $e_2 \in f(G_1)$
 (ⅲ) $x \in f(G_1) \Longrightarrow x^{-1} \in f(G_1)$
まず (ⅰ) だけど，$x, y \in f(G_1)$ とすると
$$x = f(a), \quad y = f(b), \quad a, b \in G_1$$
という形に書けるから，
$$xy = f(a)f(b) = f(ab) \in f(G_1).$$
(ⅱ) は，G_1 の単位元を e_1 とすると（例題 2 から），
$$e_2 = f(e_1) \in f(G_1).$$
(ⅲ) は，$x = f(a) \ (a \in G_1)$ とすると（例題 2 から），
$$x^{-1} = \bigl(f(a)\bigr)^{-1} = f(a^{-1}) \in f(G_1).$$
したがって $f(G_1)$ は G_2 の部分群になる——なーんだ，カンタンじゃん！

沙織 f の核 $\mathrm{Ker}\, f$ は G_1 の部分群であることを確かめます．まず $x, y \in \mathrm{Ker}\, f$ とすると
$$x, y \in G_1, \quad f(x) = e_2, \quad f(y) = e_2$$
だから
$$xy \in G_1, \quad f(xy) = f(x)f(y) = e_2 e_2 = e_2$$
より

148

$$xy \in \operatorname{Ker} f.$$

したがって

(ⅰ) $x, y \in \operatorname{Ker} f \Longrightarrow xy \in \operatorname{Ker} f$

が成り立ちます．例題 2 から $f(e_1) = e_2$ なので

(ⅱ) $e_1 \in \operatorname{Ker} f$.

また，$x \in \operatorname{Ker} f$ のとき（例題 2 から），

$$x \in G_1, \quad f(x) = e_2, \quad f(x^{-1}) = \left(f(x)\right)^{-1} = e_2^{-1} = e_2.$$

したがって

(ⅲ) $x \in \operatorname{Ker} f \Longrightarrow x^{-1} \in \operatorname{Ker} f$.

(ⅰ), (ⅱ), (ⅲ) から，$\operatorname{Ker} f$ は G_1 の部分群になります．

もえ さらに正規部分群になるのはナゼ？

沙織 また復習をしておくと，群 G の部分群 N が正規部分群となるための条件は

$$g \in G, n \in N \Longrightarrow g^{-1}ng \in N$$

だったので，

$$g \in G_1, n \in \operatorname{Ker} f$$

とするとき

$$\begin{aligned}
f(g^{-1}ng) &= f(g^{-1})f(ng) \\
&= f(g^{-1})f(n)f(g) \\
&= f(g^{-1})e_2 f(g) \\
&= f(g^{-1})f(g) \\
&= f(g^{-1}g) \\
&= f(e_1) \\
&= e_2
\end{aligned}$$

より

$$g^{-1}ng \in \operatorname{Ker} f.$$

したがって $\operatorname{Ker} f$ は G_1 の正規部分群になります．

もえ　なるほど．

和尚　正解だ．

●例題 3 の答　G_1 の単位元を e_1，G_2 の単位元を e_2 とする．
(1)　$f(a)f(b) = f(ab) \in f(G_1)$ より，$f(G_1)$ は積に関して閉じている．$e_2 = f(e_1) \in f(G_1)$．また，$\bigl(f(a)\bigr)^{-1} = f(a^{-1}) \in f(G_1)$．したがって $f(G_1)$ は G_2 の部分群である．(2)　$x, y \in \mathrm{Ker}\, f$ とすると，$x, y \in G_1$，$f(x) = f(y) = e_2$ より，$xy \in G_1$，$f(xy) = f(x)f(y) = e_2 e_2 = e_2$ となるから $xy \in \mathrm{Ker}\, f$．$\mathrm{Ker}\, f$ は積に関して閉じている．$e_1 \in G_1$，$f(e_1) = e_2$ より $e_1 \in \mathrm{Ker}\, f$．また，$x \in \mathrm{Ker}\, f$ のとき，$x \in G_1$，$f(x) = e_2$ となるから，$x^{-1} \in G_1$，$f(x^{-1}) = \bigl(f(x)\bigr)^{-1} = e_2^{-1} = e_2$ より $x^{-1} \in \mathrm{Ker}\, f$．したがって $\mathrm{Ker}\, f$ は G_1 の部分群である．さらに，$g \in G_1$，$n \in \mathrm{Ker}\, f$ のとき，$g^{-1}ng \in G_1$，$f(g^{-1}ng) = f(g^{-1})f(n)f(g) = f(g^{-1})e_2 f(g) = f(g^{-1})f(g) = f(g^{-1}g) = f(e_1) = e_2$ となるから $g^{-1}ng \in \mathrm{Ker}\, f$．$\mathrm{Ker}\, f$ は G_1 の正規部分群である．　　□

●交代群

和尚　1 と -1 を元とする集合

$$\{1, -1\}$$

を考えると，通常のかけ算（積）に関して群になっていることが分かる．群表はつぎの通り．

	1	-1
1	1	-1
-1	-1	1

沙織　$\{1, -1\}$ はかけ算に関して閉じていて，通常の（数の）かけ算だから結合法則は成り立っていて，単位元は 1，-1 の逆元は -1．群になっていますね．

和尚　n 次の対称群 S_n から群 $\{1, -1\}$ への写像 f を
$$f(x) = \begin{cases} 1 & x \text{ が偶置換のとき} \\ -1 & x \text{ が奇置換のとき} \end{cases}$$
で定義すれば，
$$f : S_n \longrightarrow \{1, -1\}$$
は準同形写像になる．

もえ　偶置換，奇置換て何だっけ？

沙織　偶数個の互換の積で表される置換が偶置換，奇数個の互換の積で表される置換が奇置換．

もえ　思い出した．互換の個数を考えると
$$(偶置換)(偶置換) = 偶置換$$
$$(偶置換)(奇置換) = 奇置換$$
$$(奇置換)(偶置換) = 奇置換$$
$$(奇置換)(奇置換) = 偶置換$$
となってるから，
$$f(xy) = f(x)f(y)$$
が成り立ってる！

和尚　したがって，準同形写像
$$f : S_n \longrightarrow \{1, -1\}$$
の核 $\mathrm{Ker}\, f$ は S_n の正規部分群になる（例題 3）．$\mathrm{Ker}\, f$ を A_n で表し，n 次の**交代群**という．

沙織　交代群 A_n は対称群 S_n の正規部分群になるわけですね．

和尚　f の核 $\mathrm{Ker}\, f$ は
$$\mathrm{Ker}\, f = \{x \in S_n \mid f(x) = 1\}$$

という集合だが，$f(x) = 1$ ということは「x が偶置換である」ということと同じだから，交代群 A_n は集合としては

$$A_n = \{1, 2, \cdots, n\} \text{ 上の偶置換全体のつくる集合}$$

となっているわけだ．

●例題 4　3 次の交代群 A_3 の元をすべて求めよ．

もえ　交代群は偶置換全体だから，S_3 の置換の中から偶置換を探せばいいんでしょ？　カンタンカンタン！

沙織　3 次の対称群 S_3 の元は全部で 6 個．

もえ　そう．すべてが巡回置換で，

$$(1), \quad (2\ 3), \quad (1\ 2),$$
$$(1\ 3), \quad (1\ 2\ 3), \quad (1\ 3\ 2)$$

と書けることは前にも出てきて分かっているので，この中から「偶数個の互換の積」を探すと，

$$(1), \quad (1\ 2\ 3) = (1\ 2)(1\ 3),$$
$$(1\ 3\ 2) = (1\ 3)(1\ 2)$$

の 3 個．

沙織　したがって A_3 の元は

$$(1), \quad (1\ 2\ 3), \quad (1\ 3\ 2)$$

の 3 つです．

和尚　正解だ．

●例題 4 の答　(1)，$(1\ 2\ 3)$，$(1\ 3\ 2)$ の 3 個．

和尚　今日はここまで．明日はいよいよ最終日だ．

もえ　今日は思いっきりハードな1日だったけど，なんだかカルチャーショックを受けたみたい．不思議な気分だなあ．「抽象数学アレルギー」をそれほど感じませんでしたよ．

和尚　抽象数学でも「論理」でも，やはり「慣れること」がとても重要だ．人間の脳はそういうふうに出来ているのだ．コンピュータとは違うのだよ．

もえ　なるほど．

沙織　ありがとうございました．失礼します．

もえ　失礼しまーす．

和尚　気をつけてお帰り．

●宿題 9

（1）$f : G_1 \longrightarrow G_2$ を群 G_1 から群 G_2 への準同形写像とする．G_1 がアーベル群のとき，$\operatorname{Ker} f$ と $f(G_1)$ はともにアーベル群であることを示せ．

（2）G を群，a を G の1つの元とする．加法群 $\mathbb{Z}$ から群 G への写像 f を $f(x) = a^x$ で定義すれば，$f : \mathbb{Z} \longrightarrow G$ は準同形写像であることを示せ．

● 10日目

同形写像

●宿題9の答 （1） $\operatorname{Ker} f$ は G_1 の部分群である．アーベル群の部分群はすべてアーベル群だから，$\operatorname{Ker} f$ はアーベル群である．一方，群 $f(G_1)$ の元 x, y は $x = f(a), y = f(b)\ (a, b \in G_1)$ という形に書けるから，G_1 がアーベル群で $ab = ba$ が成り立つので，$xy = f(a)f(b) = f(ab) = f(ba) = f(b)f(a) = yx$．交換法則が成り立つから $f(G_1)$ はアーベル群である． □

（2） $\mathbb{Z}$ の任意の元 x, y に対して，$f(x+y) = a^{x+y} = (a^x)(a^y) = f(x)f(y)$．したがって f は準同形写像である． □

和尚　宿題の (2) だが，加法群の場合は「積」を「和」に直す必要がある．だから準同形写像の条件は
$$f(xy) = f(x)f(y)$$
ではなく，
$$f(x+y) = f(x)f(y)$$

154

となるのだ．

もえ　ウーン，ややこしい！

和尚　早いもので，今回の勉強も今日が最終日だ．

沙織　あっという間でした．「いい感じ」で終わりたいですね．

和尚　いい感じ？　いい漢字？　漢字クイズをやってみよう．魚の名前だが，全部よめるかな？

　　　　鯛　鮪　鰹　鯖　鱈　鯵
　　　　鰯　鰈　鰆　鰤　鱧　鱸

沙織　理工学部生は漢字に弱いからなあ．鯛や鮪ぐらいしか読めない．どうしよう！

もえ　ひさしぶりの優越感！　うれしいなあ．神田もえは江戸っ子ですからね．ぜーんぶ読めますよ．

沙織　ホント？　すごーい，尊敬しちゃうな．

もえ　そう言われるとちょっと心配になってきた．まちがったらどうしよう．

和尚　前置きが長いぞ．

もえ　では，読ませていただきます．最初から順に，たい，まぐろ，かつお，さば，たら，あじ，いわし，かれい，さわら，ぶり，はも，すずき．以上でございます．

和尚　さすがは神田もえ，全問正解だ．

もえ　やったー！　気分いいなあ．

● 同形写像

和尚　まず復習から．準同形写像って何だっけ？

もえ　ずんどう形写像ですね．

$$f(xy) = f(x)f(y)$$

が成り立つ写像のことです．

和尚　もうちょいくわしく．

沙織　群 G_1 から群 G_2 への写像 f が
$$f(xy) = f(x)f(y)$$
(x, y は G_1 の任意の元) という性質を満たすとき，f は準同形写像であるといいます．

和尚　その通り．そこで重要な定義が出てくるぞ．同形写像の定義だ．

群 G_1 から群 G_2 への写像 f がつぎの条件 (1), (2), (3) をすべて満たすとき，f は同形写像であるという．
(1)　f は準同形写像である．
(2)　G_1 の異なる元が f によって同じ元に移されることはない．
(3)　G_2 の元はすべて $f(x)$ $(x \in G_1)$ の形に表される．

もえ　条件 (2) と (3) がイマイチぴんと来ませんが．

和尚　条件の (2) は，イメージ的には，つぎのことが起こらないということだ．

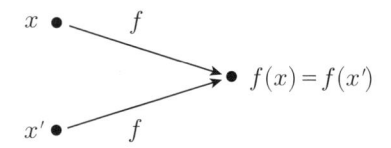

言いかえると，条件の (2) は，
$$f(x) = f(x') \Longrightarrow x = x'$$
が成り立つ，ということだ (x, x' は G_1 の任意の元)．

沙織　なるほど．

和尚　条件の (1) と (2) だけだと，イメージ的には

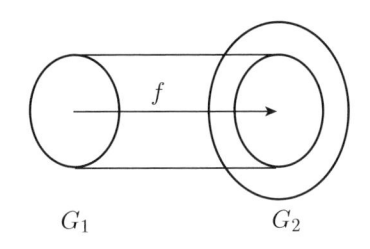

ということが起こりうる.

沙織　右側がはみ出してますね.

和尚　そう. 条件の (3) は，そういうことが無くてイメージ的には

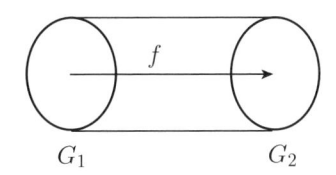

となっている，ということだ.

●例題1　$G = \langle a \rangle$ を無限位数の巡回群とする. すなわち, 巡回群 G の生成元 a は無限位数であるとする. このとき, 加法群 $\mathbb{Z}$ から G への写像 f を $f(x) = a^x$ で定義すれば, f は同形写像であることを示せ.

もえ　無限位数って何だっけ？

沙織　a が無限位数っていうのは，a を何乗しても単位元にならないってことよ.

もえ　そうか.
$$a, a^2, a^3, \cdots$$
の中には単位元が無いケースだ.

沙織　そう. G は無限集合で，
$$G = \{\cdots, a^{-3}, a^{-2}, a^{-1}, e, a, a^2, a^3, \cdots\}$$
となるわけ.

もえ　思い出した. 右辺の a^i にダブリが無いんだ.

沙織　$f: \mathbb{Z} \longrightarrow G$ が準同形写像であることは，きのうの宿題の (2) で確かめてあるから，同形写像の定義の条件 (2) と (3) が言えれば OK です.

和尚　なるほど.

沙織　条件 (2) は，$f(x) = f(x')$ $(x, x' \in \mathbb{Z})$ とすると $a^x = a^{x'}$ ですけど，さっきもえが言ったように a^i にダブリは無いので $x = x'$ となって OK です.

もえ　ふんふん.

沙織　条件 (3) は，G の任意の元は a^m $(m \in \mathbb{Z})$ の形に書けるので，$a^m = f(m)$ だからこれも OK です. 条件 (1), (2), (3) がすべて成り立つので，f は同形写像です.

和尚　正解だ.

●例題 1 の答　宿題 9 の (2) より，f は準同形写像. つぎに $x, x' \in \mathbb{Z}$, $f(x) = f(x')$ とすると $a^x = a^{x'}$. 両辺に $a^{-x'}$ を右側からかけると $a^{x-x'} = a^{x'-x'} = a^0 = e$. a は無限位数だから $x - x' = 0$, $x = x'$. さらに $G = \langle a \rangle$ の任意の元は $a^m = f(m)$ $(m \in \mathbb{Z})$ の形に書ける. 以上より，f は同形写像である.　　　□

●2 つの群が同形であること

和尚　まず定義から行こう.

群 G と群 G' が同形であるとは，同形写像 $f : G \longrightarrow G'$ が少なくとも 1 つ存在することである．群 G と群 G' が同形であることを，$G \cong G'$ という記号で表す．

もえ 同形写像は今やったばっかりだから，何となく意味は分かりますけど．

和尚 例題を 1 つやってみよう．

●例題 2 G_1 と G_2 をともに群とする．$G_1 \cong G_2$ ならば $G_2 \cong G_1$ となることを示せ．

もえ これって当たり前じゃないの？ だって $G_1 \cong G_2$ てことは，G_1 と G_2 が同形だってことでしょ？ だったら G_2 と G_1 も同形じゃないの？

沙織 そう単純でもないよ．$G_1 \cong G_2$ てことは，同形写像

$$f : G_1 \longrightarrow G_2$$

が少なくとも 1 つ存在するってことでしょ？ 一方，$G_2 \cong G_1$ てことは，同形写像

$$g : G_2 \longrightarrow G_1$$

が少なくとも 1 つ存在するってことだよ．

もえ えーっ！ なんだかアタマが混乱してきたぞ！

沙織 前提条件は，同形写像

$$f : G_1 \longrightarrow G_2$$

が少なくとも 1 つ存在することだから，この f を使って，同形写像

$$g : G_2 \longrightarrow G_1$$

を 1 つ作っちゃえばいいのよ．

もえ　どうやって？

沙織　まず G_2 の元 x_2 を任意に 1 つ取るでしょ．f は同形写像だから，G_2 の元はすべて $f(x)$ $(x \in G_1)$ の形に表されるので，
$$x_2 = f(x_1), \quad x_1 \in G_1$$
と書けるよね．

もえ　同形写像の条件 (3) を使うとそうなる．そこまでは分かる．

沙織　G_1 の異なる元が f によって同じ元に移されることはないのだから，x_1 以外に f によって x_2 に移る元は無い．だからこの x_1 は x_2 によって決まってしまうので，
$$x_1 = g(x_2)$$
と書けるわけじゃない？

もえ　ちょっ，ちょっと待って！　アタマが混乱してきたぞ．えーと，同形写像の条件 (2) を使うと
$$f(x_1) = f(x_1'), \quad x_1 \neq x_1'$$
てことは起こらない．だから
$$x_2 = f(x_1)$$
を満たす G_1 の元 x_1 は，（x_2 に対して）ただ 1 つしか無いので，それを $g(x_2)$ と書くわけか．なるほど．

沙織　これで，写像
$$g : G_2 \longrightarrow G_1$$
が定義されました．この g が同形写像であることを言えば OK！

もえ　いやあ，ムズカシイ！

沙織　x_2 と y_2 が G_2 の元のとき，
$$x_2 = f(x_1), \quad y_2 = f(y_1), \quad x_1, y_1 \in G_1$$
と書けるので，
$$x_2 y_2 = f(x_1) f(y_1) = f(x_1 y_1).$$
g の定義から，

$$g(x_2 y_2) = x_1 y_1.$$

一方,
$$g(x_2) = x_1, \qquad g(y_2) = y_1$$
だったから,
$$g(x_2 y_2) = g(x_2) g(y_2)$$
が成り立って, g は準同形写像になります.

もえ すごーい！　あとは同形写像の条件 (2) と (3) を確かめればいいのね.

沙織 x_2 と y_2 が G_2 の元で
$$g(x_2) = g(y_2)$$
となるとき, これを f で移して
$$f\bigl(g(x_2)\bigr) = f\bigl(g(y_2)\bigr).$$
g の定義から
$$x_2 = f\bigl(g(x_2)\bigr), \quad y_2 = f\bigl(g(y_2)\bigr)$$
だったので,
$$x_2 = y_2$$
が出ます.

もえ 同形写像の条件 (2) は OK だ！

沙織 x_1 を G_1 の任意の元とすると,
$$x_2 = f(x_1)$$
は G_2 の元で,
$$g(x_2) = x_1$$
となりますから, 条件 (3) も OK です.
したがって,
$$g : G_2 \longrightarrow G_1$$
は同形写像なので,

$$G_2 \cong G_1$$

が成り立ちます.

和尚 正解だ.

●例題 2 の答　$f : G_1 \longrightarrow G_2$ を 1 つの同形写像とする. G_2 の元 x_2 に対して $x_2 = f(x_1)$ を満たす G_1 の元 x_1 がただ 1 つ定まるから, この x_1 を $g(x_2)$ で表す. 写像 $g : G_2 \longrightarrow G_1$ が同形写像であることを示せばよい. まず $x_2, y_2 \in G_2$ のとき, $x_2 = f(g(x_2))$, $y_2 = f(g(y_2))$ だから, $x_2 y_2 = f(g(x_2)) f(g(y_2)) = f(g(x_2) g(y_2))$. したがって $g(x_2 y_2) = g(x_2) g(y_2)$. g は準同形写像である. また, $g(x_2) = g(y_2)$ ならば $x_2 = f(g(x_2)) = f(g(y_2)) = y_2$. さらに, G_1 の任意の元 x_1 は $x_1 = g(f(x_1))$ と表せる. したがって g は同形写像である. □

和尚　2 つの群が同形のとき, それらは**群として同じ構造を持つ**と考えられる.

沙織　群としては同じもの, ということですね.

和尚　そう. そのことを少しくわしく説明しよう.

群 G_1 と群 G_2 が同形であるとする.

$$f : G_1 \longrightarrow G_2$$

を同形写像の 1 つとする. このとき, G_1 の元と G_2 の元とは **1 対 1 に対応**している.

もえ　1 対 1 にですか？

和尚　なぜなら, G_1 の元 x は f によって G_2 の元 $f(x)$ に移されるが,

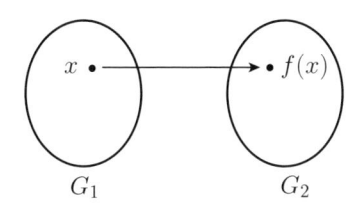

$$\begin{array}{c}\text{(図: } G_1 \text{ 内の } x \to G_2 \text{ 内の } f(x)\text{)}\end{array}$$

逆に G_2 の元 $f(x)$ から見て，G_1 の元で f によって $f(x)$ に移されるものは x だけしかないから，$f(x)$ に x を対応させることができる．

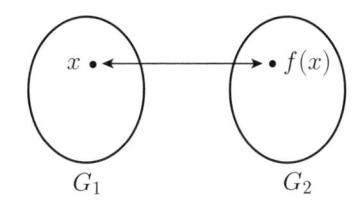

$$\begin{array}{c}\text{(図: } G_1 \text{ 内の } x \leftarrow G_2 \text{ 内の } f(x)\text{)}\end{array}$$

イメージ的には，こんな感じかな．

$$\begin{array}{ll}x \bullet \longleftrightarrow & \bullet f(x) \\ y \bullet \longleftrightarrow & \bullet f(y) \\ z \bullet \longleftrightarrow & \bullet f(z) \\ G_1 & G_2\end{array}$$

G_2 の元はすべて $f(x)$ の形（$x \in G_1$）に表されるから，G_1 の元と G_2 の元とが1対1に対応していることが分かる．

沙織 なるほど．

和尚 ちょっと横道にそれるが，3次の対称群 S_3 の「群表」をもう一度見てみよう．

	e	a	b	c	d	f
e	e	a	b	c	d	f
a	a	e	d	f	b	c
b	b	f	e	d	c	a
c	c	d	f	e	a	b
d	d	c	a	b	f	e
f	f	b	c	a	e	d

ただし,

$$e = (1), \quad a = (2\ 3), \quad b = (1\ 2),$$
$$c = (1\ 3), \quad d = (1\ 2\ 3), \quad f = (1\ 3\ 2).$$

もえ この群表にはずいぶんお世話になりましたね.

和尚 ここで e, a, b, c, d, f という文字を使っているが,それぞれの文字自体に特別の意味があるわけじゃない. S_3 の 6 個の元にそれぞれ便宜的に e, a, b, c, d, f という「しるし」をつけただけのことだ.

もえ 「しるし」ですか. なるほど.

和尚 もし G という位数 6 の群があって,その 6 個の元に「適当に」 e, a, b, c, d, f という「しるし」を付けて群表を作ったら,さっきの S_3 の群表とまったく同じものが出来たとしよう. そうしたら, G と S_3 は群としてまったく同じ構造を持つ,ということは納得できるかな?

もえ 群表が同じなら, G と S_3 は群としては同じものですね. 納得できます.

和尚 そのことをふまえて,本題に戻る. 群 G_1 と群 G_2 は同形で,

$$f : G_1 \longrightarrow G_2$$

は同形写像であるとする. さっき述べたように, G_1 の元と G_2 の元は f によって 1 対 1 に対応しているから, G_1 のそれぞれの元に, G_2 の元を使って「しるし」を付けることができる. すなわち, G_1 の元 x に, $f(x)$ という「しるし」(これは G_2 の元) を付けるのだ.

沙織 なるほど.

和尚 この「しるし」を使った群 G_1 の群表を考えてみよう．$x, y \in G_1$ で

$$xy = z$$

となっているとき，「しるし」を付けた群表では

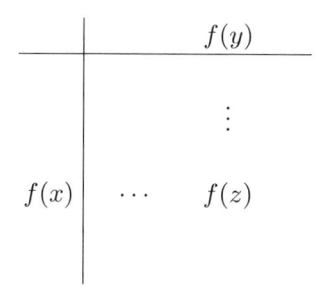

	$f(y)$
	$\vdots$
$f(x)$ $\cdots$	$f(z)$

となるわけだが，一方

$$f(z) = f(xy) = f(x)f(y)$$

だから，

	$f(y)$
	$\vdots$
$f(x)$ $\cdots$	$f(x)f(y)$

となる．ここで $f(x)f(y)$ は，G_2 の元 $f(x)$ と $f(y)$ の（G_2 における）積になる．

沙織 これって，G_2 の群表と同じだ！

和尚 その通り．群表が同じだから，G_1 と G_2 は同じ構造を持つ，というわけさ．

もえ なーるほど！

● 準同形定理

和尚 つぎは準同形定理の話だ．

もえ　「ずんどう形定理」かあ．やっとたどりついたって感じですね．

G_1, G_2 をともに群とし，$f : G_1 \longrightarrow G_2$ を準同形写像とする．このとき，f の核 $\mathbf{Ker}\, f$ は G_1 の正規部分群で，商群 $G_1/\mathbf{Ker}\, f$ は f の像 $f(G_1)$ に同形である．すなわち，

$$G_1/\mathbf{Ker}\, f \cong f(G_1).$$

和尚　これが準同形定理だ．
もえ　あんまり「ずんどう形」じゃないな・・・
和尚　ざっと復習をしておこう．

$$f : G_1 \longrightarrow G_2$$

が「準同形写像」であるということは，G_1 の任意の元 x, y に対して

$$f(xy) = f(x)f(y)$$

が成り立つ，という意味だ．群 G_1 の単位元を e_1，群 G_2 の単位元を e_2 とすると，

$$f(e_1) = e_2$$

となる（きのうの例題 2）．G_1 の元で f によって e_2 に移されるもの全体のつくる集合を $\mathrm{Ker}\, f$ で表し，「f の核」という．すなわち，

$$\mathrm{Ker}\, f = \{x \in G_1 \mid f(x) = e_2\}.$$

$\mathrm{Ker}\, f$ は G_1 の正規部分群になる（きのうの例題 3）．G_2 の元で $f(x)$（x は G_1 の元）の形に表されるもの全体のつくる集合を $f(G_1)$ で表し，「f の像」という．$f(G_1)$ は G_2 の部分群になる（きのうの例題 3）．

準同形定理は，$G_1/\mathrm{Ker}\, f$ が $f(G_1)$ に同形であることを主張しているのだ．

沙織　なるほど．
もえ　「商群」て何でしたっけ？

沙織　また忘れたの？　一般に，N が群 G の正規部分群のとき，G の N による剰余類 aN $(a \in G)$ 全体の集合に
$$(aN)(bN) = abN$$
で積を定義して…

もえ　そうだったそうだった！　G を N で「クラス分け」して，クラスの1つ1つを元として，クラス全体のつくる群が商群 G/N でした！

和尚　この準同形定理を証明しよう．簡単のために
$$\mathrm{Ker}\, f = K$$
とおく．目標は
$$G_1/K \cong f(G_1)$$
を示すことだ．そこで，写像
$$\bar{f} : G_1/K \longrightarrow f(G_1)$$
を，
$$\bar{f}(xK) = f(x) \ (\in f(G_1))$$
で定義する．この $\bar{f}$ が同形写像であることを確かめれば，「証明終わり」だ．

沙織　写像 $\bar{f}$ の定義は，剰余類 xK の代表元 x の取り方によらないんですか？

和尚　そこがポイントだ．x 以外の代表元 y を取ったとする．すなわち，
$$xK = yK$$
とする．そうすると，y は xK の元だから
$$y = xk, \quad k \in K$$
と書けるので，
$$f(y) = f(xk) = f(x)f(k)$$
となるが，K は f の核だから
$$f(k) = e_2.$$

したがって
$$f(y) = f(x)e_2 = f(x).$$

沙織　なるほど，
$$xK = yK \implies f(x) = f(y)$$
が言えるわけですね．

和尚　こうして写像
$$\bar{f} : G_1/K \longrightarrow f(G_1)$$
が定義される．

$\bar{f}$ が準同形写像であることは，
$$\bar{f}\bigl((xK)(x'K)\bigr) = \bar{f}(xx'K) = f(xx'),$$
$$\bar{f}(xK)\bar{f}(x'K) = f(x)f(x') = f(xx')$$
となることから分かる．

あとは同形写像の条件 (2) と (3) を確かめればよい．

沙織　条件 (2) というのは，「異なる元が同じ元に移されることは無い」という条件ですね？

和尚　その通り．
$$\bar{f}(xK) = \bar{f}(x'K) \implies xK = x'K$$
を示せばよいのだが，
$$\bar{f}(xK) = \bar{f}(x'K)$$
とすると
$$f(x) = f(x'), \quad \bigl(f(x)\bigr)^{-1}f(x') = e_2$$
となるから，
$$k = x^{-1}x'$$
とおけば，k は G_1 の元で
$$f(k) = f(x^{-1}x') = f(x^{-1})f(x') = \bigl(f(x)\bigr)^{-1}f(x') = e_2.$$
したがって，

$$k \in \operatorname{Ker} f = K.$$

一方

$$k = x^{-1}x'$$

の左から x をかけて

$$xk = xx^{-1}x' = e_1 x' = x'.$$

したがって

$$x'K = xK$$

が言えるのだ．

沙織　なるほど．条件 (2) はこれで OK．

和尚　条件 (3) は，$f(G_1)$ の元がすべて $\bar{f}(\ )$ の形に表せる，ということだが，$f(G_1)$ の元は $f(x)$ $(x \in G_1)$ の形に書けるので，

$$f(x) = \bar{f}(xK)$$

となることから，やはり OK だ．

もえ　これで「ずんどう形定理」の証明終わりかあ．いゃあムズカシイ！

和尚　一般に，群 G と群 G' が同形のとき，G の元と G' の元とが 1 対 1 に対応することは前に述べた．元が 1 対 1 に対応しているのだから，元の個数が等しくなる．

群 G と群 G' が同形ならば，$|G| = |G'|$．

●例題 3　$n > 1$ のとき，交代群 A_n の位数を求めよ．

もえ　交代群て何だっけ？

沙織　きのうやったばっかりじゃない！

もえ　最近もの忘れがひどくて…

沙織　$\{1, 2, \cdots, n\}$ 上の偶置換全体のつくる群が n 次の交代群．

もえ　思い出した！　交代群 A_n はある準同形写像の核として定義したんだっけ．

沙織　そう．対称群 S_n から乗法群 $\{1, -1\}$ への写像 f を

$$f(x) = \begin{cases} 1 & x \text{ が偶置換のとき} \\ -1 & x \text{ が奇置換のとき} \end{cases}$$

で定義すると，

$$f : S_n \longrightarrow \{1, -1\}$$

は準同形写像になって，その核が A_n ：

$$\operatorname{Ker} f = A_n.$$

もえ　そうだったそうだった！　きのうの話の最後に出てきたんだ．

沙織　f に対して準同形定理を適用すると，

$$S_n / \operatorname{Ker} f \cong f(S_n).$$

$n > 1$ だから互換 $(1\ 2)$ が S_n に属するので，$f\big((1\ 2)\big) = -1$ より

$$f(S_n) = \{1, -1\}$$

となります．したがって，

$$S_n / A_n \cong \{1, -1\}.$$

同形な群の位数は等しいので，

$$|S_n / A_n| = 2.$$

商群の位数は剰余類の個数だから，

$$|S_n / A_n| = (S_n : A_n).$$

ラグランジュの定理（8日目）から，

$$\begin{aligned} |S_n| &= (S_n : A_n)|A_n| \\ &= |S_n / A_n|\,|A_n| \\ &= 2|A_n|. \end{aligned}$$

S_n の位数は $n!$ でしたから，

$$|A_n| = \frac{|S_n|}{2} = \frac{n!}{2}$$

となります．

和尚　正解だ．

●例題 3 の答　$|A_n| = \dfrac{n!}{2}$

和尚　ここまでにしておこう．宿題をあげるから忘れないうちにやってみなさい．今日は最後なので，宿題の答はプリントにして渡しておく．あとで自分でチェックしてごらん．

沙織　はーい．どうもありがとうございます．

もえ　夏休み明けのテストは何とかなりそう．もー和尚さまには感謝感激雨アラレです！

和尚　群の直積や共役類など，時間が無くて説明できなかったことが他にもたくさんある．心残りだが，それはまたの機会に，ということにしておこう．

沙織　本当に本当に，お世話になりました．

もえ　この 2 週間で抽象数学のイメージがずいぶんかわりましたよ．最初は抽象数学アレルギーが強くて，群論は歯が立たないだろうって思ってたけど，今は「群論なんかこわくない」って感じですね．

和尚　論理でも抽象数学でも，「慣れること」が重要だ．幼児が言葉を学ぶとき，最初は文法も何もメチャクチャだが，時間をかけて慣れていくといつの間にかちゃんと話せるようになる．数学を学ぶときも，最初から完璧を求めちゃいかん．慣れるまでは初歩的ミスはアタリマエ．論理が少々いいかげんなのもアタリマエ．充分に時間をかけて経験を積んでいくと，いつの間にか数学のコトバが分かるようになって，完璧な論理が身に付いてしまう．人間の脳はそういうふうに出来ているのだ．

おまけ

沙織　明日からは和尚さまのギャグが聞けないのかと思うと，すごくさびしいです．

和尚　沙織はギャグに対して「すなお」なところがいいな．もえはワシのギャグを先読みするから困る．

もえ　そんなことありませんよ．和尚さまのテレパシーを感じちゃうんです．去年，今年と2回もお世話になりました．「二度あることは三度ある」と言いますからね．きっと来年もお世話になると思いますよ．

和尚　来年も？　今日は8月20日．「ずうずうしい人の日」だな．

沙織　ずうずうしい人の日？

和尚　20日（はつか）だから，はつかましい！

沙織　ギャハハハ，出ましたね！

和尚　ところで君たち，日本でパンダの住んでる山はどこだか知ってるか？

沙織　パンダの住んでる山？　そんなの日本にあるんですか？

もえ　分かった・・・　分かっちゃいました．

沙織　どこ？　教えてよ．

もえ　やだ．

沙織　なんで？

もえ　恥ずかしくて言えない．

沙織　そんなこと言わないで！　ねえ，日本でパンダの住んでいる山ってどこなの？

もえ　それはねえ．

沙織　うん．

もえ　会津磐梯山．

沙織　は？

もえ　だから，会津パンダイ山．

和尚　正解だ！

沙織　ギャハハハ！　おっかしーい！

和尚　もえに読まれてしまったか．ワシもまだ修行が足りんなあ．

もえ　そうですよ和尚さま．もっとギャグの腕を磨いてくださいね．

和尚　ゆうべは熱帯夜でよく眠れなかったら，クイズを思い付いた．こんなのはどうかな．ベートーベンがお弁当を食べていると，そこにシューベルトが通りかかって「おいしいですか？」と訊いた．ベートーベンは何と答えたか？

もえ　わかった！　1秒で分かりました．

沙織　あたしも分かりました．たぶん．

和尚　なに？　2人ともすぐ分かった？　信じられんなあ．じゃあらためて訊くぞ．ベートーベンがお弁当を食べていると，シューベルトが通りかかって「おいしいですか？」と訊いた．ベートーベンは何と答えたかな？

もえと沙織　せーの，うんめー！！

和尚　読まれてしまった…

●宿題 10

（1）G_1, G_2, G_3 をいずれも群とする．$G_1 \cong G_2$ かつ $G_2 \cong G_3$ ならば，$G_1 \cong G_3$ となることを示せ．

（2）m を正の整数とする．$m\mathbb{Z}$ は加法群 $\mathbb{Z}$ の部分群である（6 日目の例題 2）．G を位数 m の巡回群とするとき，加法群の商群 $\mathbb{Z}/m\mathbb{Z}$ と G は同形であることを示せ．

付　録

　$\{1, 2, \cdots, n\}$ 上の 1 つの置換が，同時に偶置換と奇置換になることは無い (p.41)．このことを証明しておこう．

　1)　n を正の整数として固定しておく．n 個の数 $1, 2, \cdots, n$ を 1 つずつとって横に並べ，カッコ（　）でくくったもの

$$(p_1, p_2, \cdots, p_n)$$

を，**順列**と呼ぶ．

　2)　順列 $(p_1, p_2, \cdots, p_n)$ の**転倒数**とは，

$$i < j \quad \text{かつ} \quad p_i > p_j$$

を満たす番号の組 (i, j) の個数のことであると定義する．（転倒数の数え方については，たとえば拙著『線形代数千一夜物語』（数学書房），p.16 を参照．）転倒数が偶数である順列を**偶順列**，転倒数が奇数である順列を**奇順列**という．順列 $(1, 2, \cdots, n)$ は（転倒数が 0 だから）偶順列である．

　3)　順列の中の隣り合う 2 つの数を入れかえると，順列の偶奇性が変わる（偶順列は奇順列に，奇順列は偶順列に変わる）．なぜなら，順列 $(p_1, p_2, \cdots, p_n)$ の p_i と p_{i+1} を入れかえると，$p_i < p_{i+1}$ ならば転倒数が 1 つ増え，$p_i > p_{i+1}$ ならば転倒数が 1 つ減るからである．

　4)　順列の中の 2 つの数を入れかえると，順列の偶奇性が変わる．なぜなら，順列

$$(p_1, p_2, \cdots, p_n)$$

の中の p_i と p_j $(i < j)$ を入れかえるには，まず p_i を右隣りの数とつぎつぎに入れかえて p_j の位置まで移動する（$(j-i)$ 回の入れかえ）：

$$(\cdots, p_{i-1}, p_{i+1}, \cdots, p_{j-1}, p_j, p_i, p_{j+1}, \cdots)$$

つぎに，p_j を左隣りの数とつぎつぎに入れかえて元々 p_i のあった位置まで移動する（$(j-i-1)$ 回の入れかえ）：

$$(\cdots, p_{i-1}, p_j, p_{i+1}, \cdots, p_{j-1}, p_i, p_{j+1}, \cdots)$$

これで p_i と p_j を入れかえた順列ができる．隣り合う 2 つの数の入れかえを全部で

$$j-i+(j-i-1)=2(j-i)-1$$

回やることになる．$2(j-i)-1$ は奇数だから，3) の結果から，順列の偶奇性が変わる．

5) $\{1, 2, \cdots, n\}$ 上の置換 A を

$$A = \begin{pmatrix} 1 & 2 & \cdots & n \\ p_1 & p_2 & \cdots & p_n \end{pmatrix}$$

と書くとき，$(p_1, p_2, \cdots, p_n)$ は 1 つの順列である．A の左から互換 $(i\ j)$ をかけた置換

$$(i\ j)A$$

がどうなるかを考えよう．各番号の行く先を見ると，まず i と j は，

$$i \longrightarrow j \longrightarrow p_j, \quad j \longrightarrow i \longrightarrow p_i$$

となっていて，i と j 以外の番号 k は，

$$k \longrightarrow p_k$$

となっている．したがって，$(i\ j)A$ を

$$(i\ j)A = \begin{pmatrix} 1 & 2 & \cdots & n \\ & & & \end{pmatrix}$$

の形に書くとき，下の段に出てくる順列は $(p_1, p_2, \cdots, p_n)$ の p_i と p_j を入れかえたものになり，順列の偶奇性が変わる（4)）．

6) $\{1, 2, \cdots, n\}$ 上の m 個の互換

$$T_1, T_2, \cdots, T_m$$

の積で表される置換

$$T_1 T_2 \cdots T_m$$

を考えよう．これを

$$T_1 T_2 \cdots T_m = T_1 T_2 \cdots T_m \begin{pmatrix} 1 & 2 & \cdots & n \\ 1 & 2 & \cdots & n \end{pmatrix}$$

と書いて，右辺に注目する．

$$\begin{pmatrix} 1 & 2 & \cdots & n \\ 1 & 2 & \cdots & n \end{pmatrix}$$

から出発して，互換を m 回，左側からつぎつぎにかけたものになっている．互換を 1 回かけるごとに，

$$\begin{pmatrix} 1 & 2 & \cdots & n \end{pmatrix}$$

の形で表したときの下の段に出てくる順列の偶奇性が変わる (5))．

$(1, 2, \cdots, n)$ は偶順列だから，

$$T_1 T_2 \cdots T_m = \begin{pmatrix} 1 & 2 & \cdots & n \\ p_1 & p_2 & \cdots & p_n \end{pmatrix}$$

と書くとき，m が偶数ならば $(p_1, p_2, \cdots, p_n)$ は偶順列，m が奇数ならば $(p_1, p_2, \cdots, p_n)$ は奇順列である．したがって，$\{1, 2, \cdots, n\}$ 上の 1 つの置換が同時に偶置換（偶数個の互換の積で表される置換）と奇置換（奇数個の互換の積で表される置換）になることはありえない．

●宿題 10 の答　（1）$f: G_1 \longrightarrow G_2$，$g: G_2 \longrightarrow G_3$ がそれぞれ同形写像であるとする．G_1 の元 x に対して $f(x)$ は G_2 の元だから，$g(f(x))$ は G_3 の元である．そこで写像

$$h: G_1 \longrightarrow G_3$$

を，$h(x) = g(f(x))$ で定義する．するとこの h が同形写像になる．なぜならまず，$h(xy) = g(f(xy)) = g(f(x)f(y)) = g(f(x))g(f(y)) = h(x)h(y)$ だから h は準同形写像．つぎに $h(x) = h(x')$ とすれば $g(f(x)) = g(f(x'))$ だが，g も f も同形写像だから $f(x) = f(x')$，

$x = x'$ となる. さらに z が G_3 の任意の元のとき, g が同形写像だから $z = g(y)$ $(y \in G_2)$ と書け, f も同形写像だから $y = f(x)$ $(x \in G_1)$ と書けるので, $z = g(y) = g(f(x)) = h(x)$ と書ける (x は G_1 の元). したがって h は同形写像になるので, $G_1 \cong G_3$. □

(2) G の生成元 (の 1 つ) を a とする. G の単位元を e とすれば, $G = \langle a \rangle$, $a^m = e$ である. 加法群 $\mathbb{Z}$ から巡回群 G への写像 f を $f(x) = a^x$ で定義すれば, $f : \mathbb{Z} \longrightarrow G$ は準同形写像である (宿題 9 の (2)). $G = \{e, a, a^2, \cdots, a^{m-1}\}$ であり, m 個の元 $e, a, a^2, \cdots, a^{m-1}$ にダブリは無い (7 日目). したがって, $f(x) = a^x = e$ となるのは x が m の整数倍のときであり, またそのときに限る. すなわち, $\mathrm{Ker}\, f = m\mathbb{Z}$. 一方, G の元はすべて a^x $(x \in \mathbb{Z})$ の形に書けるから $f(\mathbb{Z}) = G$. f に準同形定理を適用して, $\mathbb{Z}/m\mathbb{Z} \cong f(\mathbb{Z}) = G$. 加法群 $\mathbb{Z}/m\mathbb{Z}$ と G は同形である. □

あとがき

　数学者は「同じことのくり返し」を極端に嫌う．専門的数学の入門書の多くが読者にとってきわめて分かりにくいのは，このことが大きな原因の1つなのではないだろうか．重要なことであっても1回だけしか言わない（書かない）．読者はコンピュータのように完璧な記憶力と超人のような理解力を持っているという，現実にはありえない前提に基づいてどんどん先に進んでしまう．多くの情報を書き込めるから能率的ではあるが，これではフツーの人に読めるわけがない．

　本書では逆に，「同じことのくり返し」をきわめて重要なこととして位置付けた．それによって抽象的な数学がずいぶん分かりやすいものになっているはずである．

　本書をお読みになることで，少しでも多くの方が数学（とくに抽象的な数学）に対してもっと親しみを持っていただけるようになることを大いに期待している．

小松建三

英数

$\{1, 2, \cdots, n\}$ 上の置換	6
k 次の巡回置換	34
S_3	50
S_n	50

あ 行

アーベル群	79, 131
アーベル群の部分群	99
位数が小さい群	82

か 行

核	146
加法群	87
ガロア理論	v
奇順列	174
奇置換	41
逆元	52
逆置換	15, 25
偶順列	174
偶置換	41
クラインの四元群	86
群	52
群の位数	62, 125
群表	75
結合法則	26, 52, 87
元	48
元の位数	67, 125
交換法則	79, 87
交代群	150, 169
恒等置換	14, 24
互換	36
互換の積	40

さ 行

指数	123
自明な部分群	96, 131
写像	140
集合	47
巡回群	87, 105
巡回群の位数	108
巡回群の部分群	111
巡回置換	29
巡回置換の位数	71
巡回置換の逆置換	35
巡回置換の積	37
巡回部分群	107
準同形写像	142
準同形定理	165
順列	174
商群	134
乗積表	76
乗法群	88
剰余類	135
正規部分群	129
生成元	107
像	146

た 行

対称群	58
代表元	119
単位群	82
単位元	52
置換	2

置換の積	10
転倒数	174
同形	158
同形写像	155

は 行

左剰余類	118
負元	88
部分群	93

ま 行

右剰余類	126
無限位数	70
無限群	62

や 行

有限群	62, 70, 124
要素	48

ら 行

ラグランジュの定理	124
ラテン方陣	78

小松建三
こまつ・けんぞう

東京都出身
早稲田大学大学院理工学研究科博士課程修了（数学専攻）
理学博士（専門は整数論）

2007年3月まで慶應義塾大学において
「わかりやすく楽しい数学の授業」を実践．
同大学退職後，数学教育の改革を目指して
著作活動を開始．

著書
『線形代数千一夜物語』（数学書房，2008）
『微かに分かる微分積分』（数学書房，2009）
『数学姫──浦島太郎の挑戦』（数学書房，2010）

群論なんかこわくない
ぐんろん

2012年3月10日　第1版第1刷発行

著者	小松建三
発行者	横山 伸
発行	有限会社　数学書房
	〒101-0051　東京都千代田区神田神保町1-32-2
	TEL　03-5281-1777
	FAX　03-5281-1778
	mathmath@sugakushobo.co.jp
	http://www.sugakushobo.co.jp
	振替口座　00100-0-372475
印刷	モリモト印刷
組版	アベリー
装幀	SUDIO POT（山田信也）

ⓒKenzo Komatsu 2012　Printed in Japan
ISBN 978-4-903342-68-9

奇想天外・ユーモア全開の数学案内書
小松建三 著
各書籍とも 1,995円 (税込)

数学姫 ── 浦島太郎の挑戦
ISBN:978-4-903342-20-7
美しい数学姫が与えた線形代数のキョーレツな課題に数学オンチの浦島太郎が挑戦することになった…新感覚の大人の童話。

線形代数千一夜物語
ISBN:978-4-903342-04-7
才女シェヘラザードがお茶目な王様に数学を教えるという愉快な物語。「数学姫」に引き続いてお読みになるとさらに効果的です。

微かに分かる微分積分
ISBN:978-4-903342-09-2
微分ができない女子大生2人。お寺に駆け込み、宇散草居和尚のもとで微積分の「修行」を始める。